大是文化

능력보다 더 인정받는 일잘러의 DNA, 일센스

工作的DNA

比工作能力更易受肯定的做事模式。

天資與學歷不是重點，
工作的sense才是關鍵

商務溝通專家，曾任職於LG集團、三星集團

金範俊——著

郭佳樺——譯

CONTENTS

第二章

比工作能力更重要的人際關係DNA

第三章 練好說話DNA，就不會輸在不會表達 …… 115

第四章

不須從頭培養，急救你的商業寫作 169

第五章

這世界本就以貌取人，培養形象DNA ……213

推薦語

我深深覺得，工作絕對是生活的一部分。我更認為，能夠優雅生活的人，也就能夠駕馭工作的種種。

工作是成就美好生活的翅膀，因為樂在工作，讓我們得以用更高的視野與格局過好日子。

這本《工作的ＤＮＡ》，兼具深度與廣度，是職場工作者謀求快樂生活的幸福指南。

NU PASTA 總經理／吳家德

我們每天在職場上所說的話、所寫的文字、所表現出來的態度，最終都會造就出你的「工作DNA」，多數的人過了很長一段時間到處碰壁之後，才體會出其重要性。

本書整理了多個讓你更優秀的職場策略，讓讀者用最短的時間，具備業務、人際關係、溝通、寫作、形象等五大方面讀懂工作脈絡的能力，讓你的職場同事與主管打從心底肯定你，覺得你「真有sense！」。

創新管理實戰研究中心執行長／劉恭甫

看完這本書，我回想起剛畢業的自己，也是那個做事很講究績效的員工，但當時沒有書中所謂的業務sense，我時常跟作者一樣吃了悶虧而不自知。

本書中，作者用很多實際案例，引導大家反思工作sense的重要性。有一個我特別深刻，就是「哪怕你只是普通員工，你都應該以要員的格局為公司貢獻」，回首臺灣現在不斷提倡「在職離職」成為顯學，搞得對臺灣職場沒有盼望一樣，真的很可惜。

我鼓勵大家找回工作的熱情，用內部創業的精神，提升業務sense，成為老闆的最愛。

《看穿雇用潛規則，立刻找到好工作》作者／Miss 莫莉

前言
工作DNA非天生，後天也能培養

你可能正對此感到憤怒：工作能力明明很優秀，卻無法得到相對應的評價——對於你的艱難處境，我很想把責任全都推給大環境，然而冷酷的世界絕不會輕易負起責任。可能有人會隨口對你說：「不滿意就離職走人。」不過即便換一個新的職場，一樣是冰冷的現實世界，再說你也很難鼓起勇氣換工作吧？所以縱使你想要振作，但面對眼前已經一場糊塗的慘況，你也只能嘆口氣：「該怎麼做才好？」

這時，我建議你要培養工作sense，並內化到像是與生俱來的DNA般（因此我也將此稱為工作DNA），將職場視為幫助你、讓生活過得更好的場所，而不只是討一口飯吃的地方。所謂的**工作DNA，是一種能凸顯你的能力，甚至讓**

你看起來比原本更優秀的職場策略。

你怎麼看待任職公司、人際關係與被交付的工作，會決定你在職場上的口碑優劣，而工作DNA與此息息相關。當你具備此能力，組織裡的所有人都會想和你共事，並關注你的成長發展。

曾幾何時，許多人不再重視自己的職場，以輕蔑的態度看待自己的工作，認為那叫做「酷」；不看重自己應該負起的責任，還到處跟別人說這叫做「聰明的做事方式」，甚至不敢承擔責任，不是自己的工作就無情拒絕，然而這麼做，對你的職涯成長真的有幫助嗎？

不，在探討這個問題之前應該先問，我們的職場、我們的工作需要被輕視到這個地步嗎？身為上班族卻認為自己的工作沒有意義，這真的是對待自己努力的最好方式嗎？

我提出這些質疑，並不是要勉強大家突然挑戰難以做到的事，而是想請你從可以做到的部分開始一點一點嘗試，就算再微不足道也沒關係。例如，**與其抱怨什麼都辦不到、不知道該做什麼好，不如先用溫和的神情，向公司裡的前、後輩**

和同事打招呼。這是對於任職公司的禮貌，也是對你周圍組織成員的尊重。

我看過好幾位上班族本來對人際關係感到困擾，但他們光是改用開朗的表情主動向他人攀談，就化解了大半問題。

希望你往光明面去尋找職場生活的解答，避開那些總說「想討口飯吃就是這樣，所以不要再抱怨，去做你的事」的人，經常和會說「就當是為了過得更好，開心工作吧！」的人相處。

雖然我這麼說，但在工作上碰到無法預測結果的荒謬狀況時，我也曾經同樣覺得前途一片黯淡，希望自己乾脆消失不見，可是這種負面情緒對我一點幫助也沒有，希望你不要停留在我經歷過的黑暗中。

不過，也不要在什麼都不知道的情況下，只是滿腔熱血的盡力去做，你需要一些策略來面對工作以及職場人際關係，因此你必須培養自己的必殺技，而我相信這本書會成為你的必殺技。即使你一下樂觀期待自己會做得好，一下又沮喪覺得自己一定做不好，一整天情緒起起伏伏、混亂不已，我仍希望你可以養成工作sense，成為心平氣和、戰勝一切的人。

當然，如果你真的非常會做事，不管做什麼都能拿出驚人成果，那你可能什麼都不需要；但你若只是普通人，光是老實承受一切並不會讓職場生活變輕鬆，也許時間久了，情況會有所好轉，但是在那段漫漫時光裡，你可能會因為缺乏工作的基本素養，而無法應對這些狀況，反而還讓自己受傷。既然如此，你不如貪心一點，期望自己可以受到認可、尊重，以及該有的待遇。

我希望你可以冷靜的看待職場。我以比特幣來比喻：你認為比特幣這種虛擬貨幣的基礎是什麼？有人認為是區塊鏈的永續性和完整性，以及效用的衍生效果等，有的人說是去中心化、隱私、算力（hashrate，比特幣網路處理能力的度量單位）等。但是客觀來看，比特幣的基礎不就是價格嗎？

同樣道理，我認為上班族的基本並不是對工作的熱情、適應工作的能力，或解決任務的能力等，而是「位階」和「成果」。投資虛擬貨幣，一定希望能大賺一筆；身為上班族，你一定也期待能夠獲得好名聲和高位階。

我期許你能夠有好的發展，這並不是要你只是埋首於工作，而是希望閱讀這本書的你，不僅能夠獲得好的人事考績、領取更多的獎金，並且能在工作上成長，獲取成就感。

因此我在書中介紹了關於業務、人際關係、溝通、寫作、形象等職場必備的基本素養，也就是工作ＤＮＡ，希望幫助讀者藉此成功達到自己的目標。書中也整理了許多案例，只要能在職場運用上其中幾個，並且些微改善，那麼，我相信總有一天，公司對你來說將不只是「為了討口飯吃」的地方，而是成為「為了過上更好的生活」的成長之處。

比及時行動更重要的，是做出對的事。既然都要上班，那麼受人尊敬，過得春風得意不是更好嗎？如果可以運用本書內容，在辛苦賺錢的同時也不輕率消磨自己的靈魂，好好解讀組織和人際關係，慢慢感受成就感，和組織及成員們相處，我相信總有一天你會意識到你的改變，發現周圍人不再隨便對待你。

期待明天早晨的你，可以利用本書的內容，開始一天的工作。

第1章

職涯發展不順？原來是這些思維害了你

01 我碩士畢業耶，你要我做這個？

我某天在電視上看到，某節目的字幕寫著：「坐擁五棟房子的三十五歲青年。」該節目介紹的青年，是一名從平民翻身的有錢人，他不靠父母幫忙，自己白手起家，在非首都圈的中小型城市靠賣漢堡走到如今地位，媒體問他成功祕訣是什麼，他這麼回答：

「我認為就算是小事，也要做得像『藝術品』一樣完美。別急著做大事，應先養成每一件小事都要從頭好好做到尾的習慣。從基層一步一步爬上去才是最快的路，其他的我不敢說，但是在這一行，基礎是最重要的。尤其是剛開始學習的過程中，要放低姿態或放下沒有用的自尊心。」

成功的人都異口同聲說「小事也要盡力做到最好」、「一切從基層開始」。另一位創下一年銷售額十億韓元（按：約新臺幣兩千五百萬元。依二〇二二年八月底匯率計算，一韓元約等於新臺幣〇．〇二五元）的平民富翁也說了類似的話：「我十七歲開始在首爾鍾路一帶的麵粉廠工作，十年來，就是從最底層做起，這就是我的成功祕訣。」

大部分韓國企業的創辦人也都是這樣想的。**許多人把「從底層開始」的經驗當成自己的寶貴資產，從基層做起，身經百戰後方能站上現在位子的人們，就是那些成功的人。**

對於我們這些上班族而言，底層究竟是什麼？不就是看起來不怎麼重要，也不是很風光，卻是「公司營運上不可或缺的事物」嗎？與在公司過得春風得意的主管或前輩們談心時，他們分享的成功經驗中也一定不乏這類的臺詞。

比如「我也是從基層做上來的」，或「看似真的很不怎樣的事情，我也很認真的去做」。越是在自己領域成功的人，就越會因為自己在基礎工作中成長而感到自豪。

我在一個聚會中認識一個比我大的朋友。他是製造業公司的高階主管，也曾跟我說過這樣的話：

「職場生活？剛開始我也不好過。那時候我是專案的成員之一……老實說，剛進公司的前兩年我想過很多次辭職不做。尤其當他們老是叫我做些小事、簡單的事情時，我更想離職，想著：『我碩士畢業的，也算高級人力，居然叫我做這種事？』真的煩死了。

「但是某天開始，我的想法變了。從基層開始做起，對我而言可能帶來更大的機會。我心想，同期進公司的都是做財務、策略行銷等，舒服的坐在辦公室，但是他們有機會接觸到第一線、聽到客戶的心聲嗎？坐在辦公桌前面光用想的、用分析的，真的能夠好好掌握公司的業務實況嗎？然後我有了自信心，產生『我就代表第一線！我就是公司！』的想法。」

我的工作經歷也算夠多了，但是聽到朋友這番話時，我實在感到羞愧。他是怎麼想得到「我就代表第一線！我就是公司」？於是我回顧自己，當上頭交代我一些小事時，我會先感到一陣煩躁；當客戶方的年輕員工客訴時，我只想著：「居然敢對我這個課長講話這麼隨便？」然後怒火中燒。

但是有人卻願意在第一線負責那些不重要的雜事，並且把它當成自己成長的墊腳石。換作是我，一定會唸著「居然叫碩士畢業的我做這種事」，或到處抱怨：「我來上班是為了做這種事？」

當時，我不懂公司其實會好奇他的員工對於這些瑣事的反應。一直到累積了些資歷後，也就是現在，我才發現，原來公司、職場，或是組織其實不好奇員工怎麼處理工作，而是注意他們如何看待工作——要是我早點知道就好了。

我應該要明白，我所**負責的事情越基本、越單純、越細微，公司更會注意員工怎麼樣去處理，抱持多認真的心態去面對**。我應該要知道，從整體來看，那些小事扮演多重要的角色。

我曾訪問過不同行業及規模的公司領袖及成員，這個經驗讓我了解到：越是成功的人，對自己的小失誤越敏感。他們把基層做起的經驗看得很重要；相反的，越是平凡的，不，越是能力不足的上班族，就越會樂觀看待自己的失誤、表現從容。他們認為為了做大事，小事隨便做也可以。

這兩種人認為重要的事物也不一樣。優秀的領袖將「現場」、「客戶」當作重要關鍵字；而越是停滯不前的上班族，越會陷在「策略」、「企劃」中無法自拔。他們想要別人看到他做很棒的事，只對看起來很酷的事情有興趣，所以在他們看來，小事情自然理都不想理。

不看重小事的員工，因為想法和重視小事的人完全不同，所以自然不可能有sense的處理工作，他們日後便成了沒有「業務DNA」的小主管。如果是一間持續成長中的公司領導者，就必須懂現場、客戶，而他們卻不懂，當責任越來越重，就很容易跌跌撞撞，犯下錯誤、說錯話、做錯事。

其實我曾經就是這樣。因為可以到策略部門工作讓我很開心，但是我完全不懂客戶，也不了解現場狀況，隨著年資增長，我的工作sense到了極限，結果當我坐到主管的位子，完全無法承受相應的重擔，導致身心俱疲，十分丟臉。

我希望你可以想想平常從未注意過、錯失掉的小事，思考你對那些事情的態度如何。現在實踐為時不晚，至少從現在開始，我們要留意別人不會注意的事。如果發現那些事情在工作過程扮演何種角色、有可以改善的方向，不如就試著努力嘗試。

我過去任職於某間公司時，前輩們很常叫我影印東西：「這份文件很重要，請複印三份。」包含我在內，大部分的同期新進員工都對此感到不滿，站在影印機旁抱怨前輩、聊公司，但是只有一位同事跟別人不一樣，他用開朗的表情說：

「唉唷，有什麼關係啦！這樣不就可以知道前輩們對什麼事情有興趣嗎？影印的時候就當做功課，也滿感恩的啦！」

然後過幾年，站在影印機前抱怨東、抱怨西的我們，開始煩惱不知道誰會搶先升職，而那個總是帶著開朗的表情去幫忙影印的同事，已經跳槽到一間很不錯的跨國公司當主管。

02 主管要求太過分，我不想配合

我要聲明，我曾是個負面能量王，職場上發生的所有事，我幾乎都用負面角度看待。上面交代到我這的工作，只會讓我感到恐懼、厭煩、懷疑、疲憊、沒鬥志。而在我還是社會新鮮人的時期，一個很喜歡我的前輩這麼建議我：

「你的點子很新鮮，交代的事情都做得很好，但是好像都用批判角度看待每件事，這點比較可惜。」

其實這句話我當下應該要抱持感恩的心聽進去，但我內心卻這麼反駁：「用批判角度看待又怎麼樣？」現在回想起來，我真該改掉這壞習慣。

有人說東西是拿來使用的，所以要找出它的缺點；而人是要用愛來對待，所以要看他的優點。但是，我卻把精力花在批評某個人、揪出錯誤上。工作時也是，在職場和他人共事時，比起單打獨鬥，更看重與人合作，我卻先去看別人做錯的地方，急著去抓出那些錯誤，不管我提出的指責是對或錯，如果因為我的負面態度導致團隊合作出了差錯，工作進展就會連帶變得緩慢。

再加上總是用消極的心態看待所處環境，那個態度也會如實呈現在你如何對待同事上。雖然我盡量不要顯露出來，但對方又怎麼可能不知道呢？於是，我的負面態度就這麼搞砸工作了，這就是我業務 sense 不及格的原因。

不知道各位會不會覺得這些話很老套，但是我仍想勸各位，只要是上班族，就要對自己負責的工作抱持正面心態。雖然我還沒有做到，但是我真的很想勸大家，這是上班族必備的基本素養。

當你對組織、對自己抱持正面態度，才能對工作抱持正向態度。你如果陷入被害意識，成天像個刺蝟一樣豎起全身的刺，絕不會有人想關心你，也不會有人想和你共事。所以，你與其像個走入絕境的人一樣做事，不如用積極的心態面對，就能夠找到突破點。而拓展職場上的人際關係，也許會成為你職涯中一股強大的助力，我們用以下的例子想想看吧！

任職於中型企業的你，今天一眨眼就過去了，時間來到下午五點，差不多該收尾工作之際，公司卻突然宣布明天要召開部門會議，部門主管和成員都要參加，這時主管開口：「各位不好意思，明天早上突然要和老闆開重要的會，所以要準備會議資料，有沒有人願意留下來幫我？」這時如果是你，會怎麼回答呢？

（假設晚上你沒有約，也沒有一定要做的事。）

①（說謊）我在上個星期已經跟別人約好了，如果早點跟我說的話，我就會幫忙了……。

②（丟給好欺負的人）我還有一份東西趕著收尾，那個……朴代理，你來幫忙如何？

③（雖然很無奈，但是正面看待）好，我來！

④（不發一語）……。

⑤沒有正確答案。

你是不是選了①或②呢？我以前就是選了這兩個答案，還不忘皺著眉頭，讓人家知道別打我的主意。如果你選了③，那你就是表現得還可以。其實現實中，大部分的人都會出現④的反應——皺著眉頭，低頭不發一語。雖然我以前是碎碎念一族，但如果是現在，我會選擇⑤。

我大概會這麼規畫正確做法：

「要準備給老闆看的資料，自己弄一定很辛苦，我來幫忙吧！但是做完以後，你一定要請我吃烤韓牛[1]喔！」

這個例子是一位在中型企業上班的課長跟我說的，他的組員雖自告奮勇幫忙，但也提出要請他吃烤韓牛才行的要求，即便如此，還是讓該課長萬分感激。

「其實我一個小主管要獨自準備資料真的很吃力，所以請他們幫忙。你說，願意積極幫忙的組員是不是太讓人喜歡了？」

在那之後，主管會怎麼看待那名組員呢？說句玩笑話，韓國軍人的主要敵人不是北韓，是幹部；上班族的主要敵人不是競爭對手，而是直屬主管，如果一個員工用正面的態度打通和直屬主管的關係，以後工作上一定是輕鬆無比。

此外，如果能更主動的去解析狀況，不僅完成對方交辦的事項，也更進一步用積極的態度處理工作，那麼你的業務 sense 肯定又會成長了一步。**這項能力從建立一段好關係開始，而好的關係始於你正向對待他人的態度，正確來說，是從正面看待自己所負責的業務開始。**

我從前不懂，沒有改掉萬事用批判角度看待的習慣，上面交代下來的工作我

1 韓牛在韓國飲食文化中有著重要地位，因此價格高昂，而韓牛肉質好，適合拿來烤肉。韓牛在韓國，也是在節日時贈送親朋好友的禮品之一。

都戴著有色眼鏡看待，最終還毀掉了人際關係，我也因為不擅長表達意見，導致我說話總是帶著刺，不管什麼事，總是先用負向角度檢視。

我一貫認為我的主張是正確的，絕對不屈服，甚至整天在背後說公司、部門壞話：「哪來那麼多事情叫我做？」、「這種目標有可能達成嗎？太過分了吧？」、「連這種事都要我做？」

無論是會議還是和同事的私人聚會，我經常口無遮攔的大說特說對公司的不滿，與其說是因為工作上出了問題，不如說只要當下我不喜歡哪件事，我就會出頭跟主管爭。

看到我的同事都說：「哇，你真是無法忍受不公不義，男人中的男人啊！」替我加油。我聽到這句話，覺得自己「真是有話直說的人」，簡單來說就是很酷（自己想的）。「是啊，不過是指出錯誤的事情罷了，難道這也有錯嗎？」我認為我的行為非常妥當。

我過去曾不懂，從早上九點到下午六點的上班時間，並不是我可以隨心所欲應用的自由時間，而是公司給我薪水的前提下，我該履行勞動義務的一段時間。

而在這樣的合約關係中，必要的工作素養，是運用正向力量和他人溝通、協調，我卻是用負面的語言，只顧做自己的主張，退步不前。

結果我在人事考核、升職、風評等各方面都吃了大虧，即便我的業績、能力都是最高水準，但是工作時缺少正面的態度，確實讓我跌了一跤。

這裡我要說一件公開的祕密。公司是以部門主管或高階主管，以及CEO等為中心運轉的，假如你以為公司是以你一個平凡員工為主在運作，那就很容易以為「話隨便說也沒關係」，容易犯下期待公司會隨你喜好走的錯誤判斷。所以在成為主管，甚至成為CEO之前，你都要忍耐。我們現在還不是主角。

我曾經和一個物流業大企業的女性高階主管聊過，我問她：「常務，如果上面的人給您錯誤的指示或做出不合理的要求，該怎麼應對？能夠走到今天這個位置，我想您一定有過很多這樣的經驗，我很好奇您的想法。」

對於我不懂事的提問，她笑了一下，這麼回答：

「就算我到了這個位子，仍然覺得告訴底下成員組織的運作方式，是一件很難的問題，有時候我表面上看起來是『指示』，心裡卻是帶著『拜託』的心情。所以，如果當下有人積極的回答說會去試試看的話，我會很欣賞那個人。」

業務DNA來自於你的正向態度、包容性的話語。

以前的我會很負面，會逃避，當時不懂「沒有所謂不好的經驗，對於懂得承受的人來說，任何事都是好經驗」的平凡道理。事實證明，我只是一個「平凡」的成員，沒有特別厲害，也沒有比較糟糕，只不過當別人做出成果，平步青雲，越來越茁壯時，我只能在旁邊乾瞪眼。

有鑑於此，我希望你的出發點和我不一樣，要記得這個基本素養的基礎源自於正面心態。

03 報告隨便弄一弄就好，別太認真

範例一

組長：「那個專案，現在進度怎麼樣了？」

代理：「還不是很完整，營運組還沒給我們反饋（feedback）。」

組長：「大概弄一弄就好了，做生意又不是一、兩天了！只要注意大方向，報告寫好一點就好了。」

代理：「可是就算報告過得去，開始經營之後，以目前體系來說，很有可能會出問題……。」

組長：「沒關係，只要先守住交期就好了。」

代理：「……。」

範例二

組長：「那個專案，現在進度怎麼樣了？」

代理：「還不是很完善，營運組還沒給我們反饋。」

組長：「是嗎？交出成果最重要，記得確認到最後一刻，最後一刻喔！」

代理：「還有，就算報告過得去，開始經營之後，以目前體系來說，很有可能會出問題……。」

組長：「我們一起來想想有風險的部分吧！讓我們一次解決，以後就不用花時間多做一次。」

代理：「好的，知道了。」

「performance」有表演、演戲的意思，但是一般上班族熟知的意思是業績或成果。做出成果並不只是單純指達到某一結果，而是要比以前更好的狀態。

放眼望去所有企業，每一間公司皆是透過策略性目標或刻意努力取得成果。站在公司整體角度來看，這很重要；而在個人角度來看，成果自然成了衡量你的標準。

如果是**在職場吃香的人，他對成果一定有自己的一番見解**。例如，他在營業部，一定是創造出新服務或新產品的閃亮之星；如果他在業務部，一定是曾經達到驚人銷售佳績的人。想一想周圍優秀的領導者吧！若沒有驗證過工作成績，他一定沒辦法爬到那個位子，我個人連續三年績效及人事考核的分數都是部門最高，最後才坐上主管的位子。

對於成果非常在乎的人，他們的業務 sense 也很強。如果你**想成為組織想要的、懂得創造成績的成員**，我希望你**記得以下三件事**：

第一，拒絕凡事都說：「大概……。」

「沒關係，只要先守住交期就好了。」、「大概弄一弄就好了，做生意又不是一、兩天了！只要注意『大方向』就差不多了。」、「反正先做就是了！」這些話，絕不要隨意說出口。別讓「大概」這個想法汙染了你的工作素養：而是要接納「拚命」二字：「最後一哩路了，再檢查一次吧！」、「我們要準備出能夠贏過對手的提案！」、「如果成果差，那一切就等於零。再多花點心思吧！」

第二，捨棄「放棄」的想法。

在工作時，試著抱持「樂觀的忍耐」的想法。假設你今天在業務部工作，同事必須登門拜訪客戶才能提升業績，結果卻不如預期，你會怎麼跟他說？

「你都三顧茅廬了，對方還沒有回應，你還想怎樣？」、「幹嘛這麼放不下？」、「除了去拜訪那家客戶以外，你還有很多事可以做啊！」當然，根據實際情況會有所不同，但是我希望你可以謹慎評估，不要輕易把這些勸諫同事放棄的建議說出口。

可以改成：「既然都去了，那就設定十次為目標，繼續嘗試吧！有需要的話我跟你一起去。」、「既然都開頭了，總要好好收尾吧？拚一下看年終特別激勵獎會不會有你的份。」、「這裡不行的話其他地方也不會成功的，試著努力到最後吧！」

第三，遠離不負責任的態度。

說到底，成果是關鍵。我不知道你會不會經常把「結果有什麼重要？反正先做比較重要」、「說實在的，你不也打從一開始就知道行不通的嗎？」、「又不是我提議的，有什麼關係？大主管會看著辦的啦！」掛在嘴邊。

絕對不要以為有幾項可以證明自己有做事的東西，就表示自己盡到職責了。職場生活是一場沒有盡頭的遊戲，遊戲中每個人必須負起自己的責任，我希望各位記住，那份責任感才能保障我們穩定。

所以就當是為了求穩定，不要妥協於當前的績效，只要與自己的工作有關，人人都要變身為戰士，盡全力去做：「要負責到底啊！對客戶來說，我就代表公司。」、「只要做了就得有所收穫，成功了有成績，失敗了有教訓，然後再去重新開始才是對的。」

還記得以前某位主管對我說過：「我能理解你業績不夠好，但不能原諒。」說實話，我當時只想著：「幹嘛講得這麼可怕？」然後不當一回事，聽過就算了，但現在卻讓我反省起自己當時那不當一回事的態度。

我把業績想得太輕鬆，才導致我的職場生活不順遂，要是我早點對「成果」有更多的認知，更積極去爭取組織給我的ＫＰＩ（key Performance Indicator，關鍵效能指標），我會不會被大家認可為不錯的組織一員呢？現在想來，只有無限惋惜。

04 我不過是個小員工，哪來願景

那是很久以前的事了。大約是我進公司沒幾年的時候吧？我在廁所碰到許久未見、同期進公司的同事，因為他被分派到其他縣市的辦公室，所以能見到他，我非常開心。

「過得怎麼樣啊？」

「還不錯，今天來總公司開會。」

「下次再見到面的話，我們一起吃個飯吧！」

「好啊！」

上完洗手間，我在洗手時，聽到一聲「喀擦」。我感到很奇怪，看了看他，他用手機不知道拍了什麼。「你在做什麼？等等，那個不是CEO說過的金句標語嗎？」那個同事拍的，是人事部門貼在男生廁所小便斗前，幾乎沒什麼人會去看的「CEO的話」，就是那種「我們公司將各位視為一家人，透過透明公開的溝通方式達到成效……」的激勵標語。

「你做什麼？」

「我在拍CEO說過的話。」

「幹嘛拍那個？拍了要做什麼？」

「什麼做什麼，就拍下來看啊！看了不就能知道公司的狀況了嗎？」

他說完這番話就離開了，而我呆站在那邊。之後，我離職去了別間公司，耳聞他的消息，我發現在我還沒當上組長時，他比誰都快升上組長；我當上組長時，他已經是公司的高階主管；當我工作做得茫然失措，他則被挖角到一間滿不錯的中型企業當副社長。

當然，這其中也有能力差距的因素，但是我認為我們之間最大的差別，源於他看待貼在廁所裡「CEO的標語」的態度。

他和我看待公司的視角有所不同，所有工作他都站在公司整體角度考量，而我只是汲汲營營於那些工作本身，完全不管公司的狀況，目中無「公司」，這也讓我們在業務素養上產生了差距。而即使我察覺到差別為何，仍然沒有振作，沒能將工作DNA這片土壤滋養得更肥沃。

我升上組長時，有次正在報告我們久未解決的案子，高階主管突然朝我丟出一個問題：「金組長，你認為我們公司的願景是什麼？我怎麼看你的報告，都看不出你思考過公司的願景。」而我這麼回答：「公司願景？簡報資料第二章有寫到我和我們部門的業務目標了……。」

聽了我的回答，那位高階主管比出暫停的手勢，打斷我的話，說：「滿令人失望的。一個組長對公司願景的認知只有這個程度的話，太可惜了。公司願景是每個人都要放在心上的重要價值觀，不是為了好看才擺在大廳牆壁上的。從現在開始，你要不要努力去了解公司願景並實踐它？」

提到業務能力，我們通常會想到與眾不同的技術訣竅、是否使用最新程式等。當然那些東西對於工作也有幫助，但是談技術之前，**我們要認知到身為組織的一員，如果不明白組織的運作價值，就不可能知道自己要走的方向**。看不清全局，就會迷路；**看不懂願景，忽視任務，不把核心價值放在眼裡，我們的工作就等於做白工**。

我們不當一回事的願景，公司卻把它訂為生存的核心概念，也許你覺得只要完成被交付的工作目標，就是參與公司願景的方式，但是在公司看來，這個判斷錯了。

以下舉個例子，韓國大田市有一間有名的麵包店叫聖心堂。如果你心想：「區區一間麵包店，有什麼好拿出來說的？」就大錯特錯了。在二〇一五年和二〇一六年大田商工會議調查「代表大田的品牌」中，聖心堂已連續兩年打敗主場位於大田的職業棒球隊「韓華鷹」，稱霸第一名。

這間麵包店有幾十年的功力，光是一個炸菠蘿麵包的累積銷售量就超過四千萬個，實在驚人。那麼，他們的成功祕訣是什麼？我推測可能來自於麵包店的核心價值——做眾人認為的好事。

這句話裡的眾人，不僅是來店裡買麵包的客人，甚至包含員工和客戶、供應商，以及他們的競爭對手。聖心堂每個月都會提供大量麵包給弱勢族群，還會從利潤中撥取不少比例的費用支援公益活動，真的是佛心企業。

我在這裡出個問題，來看看你有沒有工作DNA吧！假設你是聖心堂的員工，有天，老闆突然問你對聖心堂的願景有什麼想法，你要怎麼回答？

① 我不過是個小員工，哪知道願景什麼的，應該是「做出好吃的麵包」之類的吧？

② 我早已背得熟透，是「願大家都過得好」，對吧？但是為什麼要問這個？

③ 我們公司的願景是「做眾人認為的好事」。雖然我任職於行政部門，但是也會盡力為客戶、合作業者、組織成員帶來幫助。

我曾經是像①一樣的人，常常限制自己的工作範圍，但我希望各位能像③一樣，把工作範疇放寬，並把這個心態轉換成行動，別太快斷定公司的願景和自己沒有任何關係。我期待各位可以用更大的框架思考，並提升自己的業務 sense。

05 用這種方法給意見，部屬不想聽

有一名聖人問他的徒弟，他的教誨中有沒有令他們質疑的部分。徒弟們沒有回答，因為他們怎麼敢懷疑老師的教導呢？結果聖人這麼說：「如果你們認為不懷疑我是一種尊重，那麼如果以後碰到你們的朋友，請替我問問這個問題。」即使要間接透過徒弟去問他們的朋友，聖人也希望能了解徒弟的疑問或反對意見。這個故事讓我們看到真正為人師表的態度。

「回饋」是上班族很熟悉的單字。我個人覺得上述的故事是說明回饋概念最好的例子。如果你認為回饋是會議要結束時，聽上面的人單方面發表某些內容，我想，你可能要試著改變想法，因為回饋才是培養工作DNA的祕密武器。

可惜的是，對於上班族而言通常對其帶有負面印象，因為反饋給人一種「強者單方面強迫弱者遵循指示」的感覺。我也曾這麼想。我當主管時，也覺得把組員叫來，說：「王小明，你的報告寫得完全沒有架構，重新寫一份吧！」這樣就是回饋，真羞愧。

我想現今很多職場仍有類似情形，不知道有沒有人聽過上面的人跟你說：「王小明，你可不可以針對我現在說的話給我回饋？」但應該大部分都是相反的情況——比如：「王小明，我現在跟你說我的意見是……。」

職場上比較常見的是，上級、年紀較大、比較有權力的人以為自己在給予他人回饋，但其實是「單方面」的告知。例如：「告訴你，你把我說的寫下來，好好記住！」而接收者也認為這是一個「接受指責、批評，沒有第二句話說的過程」，自然不可能認為此種回饋有真心、溫暖、體貼等正面意義。

「我懂得比你多，位階比你高，當然有權利給你意見」用這種想法給予意見不叫做回饋；「你懂的部分，我不知道、不清楚，所以請告訴我更多東西」這才是它的真正意義。

對上班族而言，報告一定是個負擔，而報告也總是以交流的方式進行。當有了一、兩年的年資後，就要成為懂得運用反饋的前輩。為了闡明其概念，我們來看看以下兩個句子，談一談何謂真正的反饋。

①「嗯，報告我了解了，現在聽好我給你的意見。」

②「嗯，報告我了解了，不過，我仍有一些不太清楚的部分，你能再解釋一次嗎？」

①是「假回饋」，②才是「真回饋」。回饋的核心不在於「單方轉達」，重點應該在請教「對方的看法」，如果誤以為反饋是聰明人命令不懂的人的表達方式，那接受的人自然會有反抗之心，無法和丟出回饋的人繼續對談下去。

如此一來，反饋就成了單方面指示，接收方由於無法拒絕，只能被動接受。長久下來這類觀念將會根深柢固，真的需要別人建議的人碰到有難度、複雜的工作，會寧願選擇自己抱頭苦思，獨自奮戰。

回饋並不是為了表達意見，而是一種為了更能傾聽意見，所以注意對方談話

的技巧。因此我們的表達方式必須要有所改變。如果一直以來，你都是用這種單方面給建議的方式溝通，不，如果你誤以為反饋就是這麼一回事，那麼為了達到真正的交流，請留意以下兩件事並從日常生活中訓練。

做到這兩件事之後，你在職場上接受或給予回饋時也可以充滿自信心。

首先，我們要懂得請教、鄭重的詢問他人覺得自己怎麼樣，無論是公司同事、同好會朋友、太太、先生，甚至是子女都可以，問問他們：「辦公室的我看起來人怎麼樣？」、「我在家裡是什麼樣的先生，什麼樣的爸爸？」、「平常的我是什麼樣的朋友？」

第二，我們要正面接受對方的答覆。這很難辦到，如果是易因他人言語受傷或聽到負面反饋後難以接納的類型，那在學習回饋前，可能要先培養自尊感。如果你還沒準備好謙虛的聆聽他人意見，先暫時延後透過回饋成長的機會吧！

我先舉一個正面回饋的最佳例子。有一位明星，從小就開始當模特兒，後來成為演員，現在仍然活躍在演藝圈，有人請她分享其他藝人的缺點，她是這麼回答的：

「○○哥的缺點就是太體貼了。只要○○哥一出現，不只我，就連我的造型師、化妝師都會很開心。不過，他常常忙著注意現場很多事情，一定很累，希望他可以好好調節體力。」

「××前輩的缺點是太有sense了。有次我們拍兩人相處的戲，他掌握到連我都沒有想到的情緒，讓我很不好意思。」

「△△的感性，使他很快就掌握情緒。比如說我們拍完全身戲，會接著拍上半身戲，他從一開始就沉浸於那個氛圍，會讓跟他對戲的演員一次爆發情感，這就是缺點。因為可以持續保持該情緒當然很好，可是我比較快疲累，所以我可能要調整一下釋放情緒的速度。」

如果有人要你說別人的缺點，你是不是這樣說？

「〇〇哥的缺點就是注意太多細節了。只要專注在演戲上就好了，他連我的造型師、化妝師都會照顧到，要這麼照顧現場所有大小事，應該沒辦法專注在演戲上吧？這就是缺點。」

「××前輩讓人家很負擔。我們有次拍兩人相處的戲，他居然掌握到我沒想到的情緒，這樣讓人家很丟臉，很沒有默契耶！」

「△△的缺點就是很容易讓我的情緒太快消耗掉。比如說我們拍完全身戲，會接著拍上半身戲，他從一開始就進入那個氛圍，讓人家剛開拍就消磨掉情緒，跟他對戲太辛苦了，我不喜歡跟他一起拍。」

對照完上述的例子之後，我衷心希望各位可以體悟到，**回饋應該是由「請教」和「正面」兩項要素構成**，而這份體悟不只是應用在日常生活中，也要落實於職場上。

不過有一件事要特別小心，就是直話直說，這會帶給他人莫大的傷害。無論內容為何，無論形式如何，如果你認為像「那是我才敢跟你說！這是站在客觀角度說的！」這類的話是反饋，那麼要不了多久，你的周圍恐怕就沒有人要站在你這邊了。

我並不是要你去講甜言蜜語哄騙對方，我希望同樣的話，你可以表達的溫暖又充滿愛。舉例來說，與其說「你太愛喝酒了」，不如說：「你真的很會炒熱聚餐氣氛，不過這樣隔天上班會很累，所以為了健康著想，不要太常在聚會時喝酒。你很有魄力，乾脆戒酒也不錯啊！」

上述的表達方式，能提高你執行工作業務的 sense。

當今是個講求合作的時代，隨著遠距、居家上班的情況越來越多，我們物理上的距離雖然變遠，但溝通的道具卻越來越多樣化，接觸反倒變得更加密集。在這個情況下，就算是傳個訊息，如果能夠懂得小心斟酌用字，並且適當給予反饋，就能讓自己的工作越做越好，不落於人後。因此我們要明白回饋的根本是「為了傾聽對方的話」，用接受對方優點的心態去接納他人。

請記得，回饋起始於明白自己有所不足並抱持謙遜的心態，而其是否成功並不在於給予回饋的人身上，是在傾聽的人身上。

06 只想單打獨鬥，不想與人合作

經過好一番辛苦才進到下一間公司，終於撕掉新人的標籤，有了些年資，覺得自己也算懂一些東西了，是個有資歷的人了，不僅掌握工作的能力變好，也越來越相信自身經驗及知識。

與此同時，我們開始慢慢忽視他人的經驗和智慧。如果你也不重視後輩或同事講的話，甚至是主管的指示，經常隨意打斷別人的話，或做出「隨便你說，反正我不會聽」的表情，請注意，你可能在一秒就鑄下大錯。

關於團隊合作的重要性，我想舉美國化學家萊納斯．鮑林（Linus Carl Pauling）說過的話為例，他分別於一九五四年獲頒諾貝爾化學獎、一九六二年的諾貝爾和平獎。一般人一輩子都很難得到的諾貝爾獎，他卻得了兩次，而且是單獨獲獎。他曾說：「要想出最棒點子的最好方法，就是想出很多點子。」（The best way to get a good idea is to get a lot of ideas.）

當你碰上複雜的工作，該怎麼辦？一個人獨斷處理就可以了嗎？**當工作難以靠自己的力量處理，最聰明的做法是接受他人幫助**。業務素養會藉由不同的想法更加完整，唯有捨棄裝懂，放下自己已知的東西，去傾聽他人的話，這麼一來，**工作上的困擾自然能迎刃而解，成績就會跟上我們的腳步**。

《論語》說「三人行，必有我師焉」，這裡指的是三個人聚在一起，我們可以擇其善者學習他的長處，擇其不善者改善自己的不足之處。光是三個人就能找到值得學習之處，更何況是公司這麼龐大的組織呢？

從主管或同事那學來的知識聚沙成塔，可以提升我們的工作能力，化作成長的動力，我們要認同其他人擁有重要的資訊、能力並且虛心受教，如果此種心態可以運用在工作上，那麼很快就會被別人認可是一個很有職場素養的人。

其實當今的公司比起過去，更加重視組織成員的團隊合作，這是因為公司非常清楚，一個重視團隊合作及和諧、懂得謙虛的人，遠勝過重視自己績效，充滿傲慢及偏見的人。

在資訊大爆炸的時代，懂的知識比較多不再能保障升遷和成功，反倒是如何結合自己已知的資訊和周圍的事物，創造出不錯的成果，成了組織和每個人的主要課題。在資訊過多的環境下，想靠一己之力解決問題變得更加困難，而身為一個部門的成員，工作時須協助他人並接受幫助。

我希望你高喊「人生就是單打獨鬥」的習慣，不會演變成「工作就是單打獨鬥」。想提高工作的 sense、想取得成效，就要先接受其他人的幫忙，完成真正的合作。

然而，這個態度只有上班族必備嗎？我想起一個經營湯飯餐廳的阿姨的故事。那位阿姨說她換店面時，最先做的，就是去找那一地區的肉舖，然後經常光顧成為常客。想熬湯飯的高湯，就需要一些雜碎的骨頭、碎肉、內臟等，如果她是常客，這些東西老闆就可能免費送她。

但是常常去買、買多一點就算是肉舖的常客了嗎？不，真正的關鍵是謙虛。

我媽媽可以成為肉舖老闆最愛的常客，祕訣其實很簡單。她首先去找有進整塊肉、並由老闆親自支解肉塊的肉舖，有好一陣子她會每天去買。用來燉湯的肉，她會挑選不同位置的牛胸肉混著用，要做韓式炒牛肉就買帶筋的里肌肉，除此之外，她還會買內臟跟牛血以及各種肉類。

她從不裝懂，總是謙虛的問老闆意見。漸漸的，老闆反而會先聯絡她，說上好的肉進來了、牛胸肉切好了，要她去買，問她這頭牛看起來像不像灌水牛（注水牛肉）。

媽媽不是好銷貨的客人，而是優秀的客戶，也是常客兼朋友。

（出處：小說家千雲寧，〈生活的故事：溝通很困難嗎？〉，《每日經濟》，二〇一三年八月二日。）

這位媽媽真是了不起，她並沒有覺得自己做生意好一段時間，懂得夠多就目中無人，而是認可對方，她在開口之前懂得先傾聽、跟生意人當朋友，所以她成為自己領域的第一等專家。

這個故事是一個很好的啟示。如果工作進行得不太順利、如果因為部門之間的矛盾導致自己進退兩難，與其自己嘗試去做些什麼，不如積極請求他人協助並且虛心接受幫忙！

07 以自我為中心，不在乎同事怎麼想

人事考核對上班族來說極為重要，因為它決定你的薪資多寡。每間公司可能有不同做法，就算是同時進公司的同期，拿到最高等級和最低等級的人，其年薪差異少則二％～三％，多則超過一〇％。

那麼連續幾年都拿到最高等級的人，是如何辦到的？我也好奇，究竟那些人和我們有什麼不同？

其實我過去（啊，又倚老賣老了）的績效也是部門內算是頂尖的，但是人事考核和我的績效不成正比的經驗也不少。如果績效好，不是理所當然人事考核也會跟著好嗎？我對考核結果感到生氣也很羞愧。正好那時我有和高階主管談話的機會，當話題聊到考核，他這麼問：

「假設有個人，請他做的事情都會做到，你認為我們應該給予他何種等級？」

我回答：「A。」他笑著說：

「只做交付的事情，這類員工是C等級；做到所有請他做的事情，偶爾還會做到超乎期待的程度，才可以稱為B等級；那A等級是什麼樣的人？當然就是總是超乎期待的人。」

聽完這番話，我當下起了雞皮疙瘩。即便已經做到被交辦的事情，但做到超乎期待是理所當然？而且還必須總是超乎期待？那麼拿到S等級的人到底是什麼樣的人啊？當時我雖然有做出成績，但總是局限在被交付的工作、被指定的目標中，偶爾超過績效目標還趾高氣昂，完全不能理解這位主管說的話。主管看到我呆掉，這麼說明：

「S等級的人是帶給周遭『正面影響力』的人。他會成為組織其他成員的『模範』。」

我曾是某個人的典範嗎？我和其他人相處得倒是很好，不過他們只是覺得我很有趣又平易近人，我想他們並不想要像我一樣，想到這我瞬間臉漲紅。我不擅長團隊合作，當有重要的專案要處理，我最不熟悉的就是分工合作，我總是習慣自己看著辦。

同事？才不管；後輩？隨他們自己去；就算是前輩，我也不擅長與他們溝通。所以當然不會有人把我視為模範，上面的人也不會把我當成是最高等級的人才。想到這，我不知不覺低下了頭，那位高階主管要我加油，並叮囑我兩件事：

「沒關係，雖然感覺有點晚了，很可惜。不過你還是做得很好啊！只不過要成為同事和後輩的榜樣，你必須懂得完全掌握工作，我告訴你這個時候需要的兩件事。

「第一，不是有句話說『知識就是力量』嗎？**你要懂很多很多，讓周圍的人來找你**。第二，這和第一件事有關，你**要記得『無法說明就不能代表你懂』**。我希望你要懂得向他人說明。對了，說明時也要留心，說明的態度跟它的內容一樣重要。你可以做得好吧？」

隔年，我獲得人事考核最高等級，才知道人事考核評估整體業務 sense，其實不完全用績效衡量。但是很可惜，要是我還是新進員工，在資歷更淺一點時就明白這件事情，應該可以更早變成更好的人。

所以我想拜託各位，如果你用「我要當一個完全靠工作決勝負的人」激勵自己，請一定要抬起頭看看周遭的人，看看你是不是和自己想的不一樣，別人只認為你是缺乏工作素養的邊緣人？那樣的話，在公司裡的生活絕對不可能好過，也不可能會成長。

08 你問的問題，決定你是誰

公司不是學校，沒有人有閒功夫從基本一步一步教你，公司會挑選有執行基本業務能力的新鮮人，或有經歷的員工。過去他們會給你適應工作的緩衝期，不過現在不同於以往，公司期待你必須有即戰力。

一開始你會覺得好像只要把交代的事情做好就可以，但是想把事情做好，你就得懂脈絡。了解工作的脈絡，不僅能培養出工作 sense，也會減少壓力，再者，才能在前輩們含糊交付自己任務時，聽得清清楚楚，有不懂的部分才知道如何問到重點，並套用在工作上。

此時，不僅是被交付的事項，能夠把自己工作做到好的人，就會被認可為有工作能力。

如果你想要做好被交代的工作，就要先了解公司的經營狀況，像是數據、作業方式及消費者的消費模式等。說這麼多，**其實最需要的就是「讀懂的能力」**，**這個渺小的開始就是讀懂工作脈絡**。

那麼為了被大家認可，我們需要把什麼做好呢？解答就藏在問題裡。

我們很習慣被別人問問題，只要是上班族，一定有過很多被別人問問題，感到慌張的經驗，因此，回答問題需要比問問題更高的技巧。

當你發問和回覆的技法都已經爐火純青了，摸清楚工作脈絡的內功才能進到高階。

我們舉個例子來看吧！假設主管向你確認專案的進度：

主管：「專案進行的如何？」

你：「這個嘛……到目前為止應該還好。不過對手老是端出更好的條件，唉，我們公司的報價原則也是很有問題，到底要用這種價格推到什麼時候？客戶那邊的高階主管最近也換人……。」

主管：「你到底想說什麼？」

你：「……。」

回答的技巧，也是職涯中需要學習、改進並且進步的項目之一。當然要把所有技巧都公式化有點困難，不過只要把以下五個階段放在心上，回應問題會輕鬆許多。

第一階段：概括對方的發言

↓您要問的是，專案是否會成功吧？

第二階段：將目前情況具體化

↓我總共拿到三家公司的提案，真的足以和我們競爭的公司只有一間，我想應該會是我們兩間公司競標。

第三階段：舉出「實例」說明具體情況

↓昨天我跟客戶端的負責人聊過。雖然他沒有告訴我詳細的內容，不過他說我們公司的技術領先許多，和其他公司有很大的差距。而其他公司似乎降低他們的價格以提高競爭力，不過客戶方不認為這點程度的價差有太大影響。

第四階段：概括對方想知道的未來

↓所以，目前我們公司接下訂單的可能性還是比競爭對手高，當然我會一直注意到最後，盡全力不要出錯。

第五階段：請求協助

↓我會準備對應突發狀況。另外對於我們公司報價原則的意見，我會另外整理出來跟理事報告，再請您評估。

我舉工作上的例子說明，內容可能有點生硬，不過只要你應用「概括↓具體化↓實例↓未來↓協助」這五個階段，一定能減少碰到難堪場面的機會。

如果你已經熟悉回應這類問題的技巧，那麼接下來就要回到正題——提出可以提高你工作sense的問題。那要問什麼？

撇開其他的，**我會建議你「問自己」**。說到我這個人時，別人會想到什麼？博學的名聲？身材高大？做事迅速？每個人都會有一個專屬自己的提問，從那個問題，我們就可以判斷一個人。像媽媽們經常問：「吃飯了沒？」就算孩子已經大到不需要擔心這個問題，她們還是會不斷問已經成年的子女這句話，因為那就是媽媽在乎的。

為了在職場上站穩腳步，現在該是我們拋出未曾問過的問題的時刻，改變我們的提問內容，才能改變我們關注的焦點；改變焦點，才能用嶄新的方式處理工作。我曾聽過一名在人資領域取得優秀成果的高階主管的故事，他表示自己帶領的團隊為了做出一番佳績，用「提問和傾聽」取代「指示和命令」。

「我本來是一個習慣發出『強迫式命令』的人，我從小主管當到公司理事之後還是一樣。但是從某個時間點開始，我才發現『啊，原來不能這樣』，自我反省了一番。那是在我感覺到底下的組員開始不甩我，甚至是躲著我以後的事，我真的是大受打擊。

「於是我下定決心，雖然不容易，但是我得從自己開始改變。首先我親切的詢問第一線的年輕員工，就算他們的回答和我想的不一樣，令我哭笑不得，我還是抱持『感激、謙虛』的態度，積極接納他們的意見。就是從那時起，就算他們說得不清不楚，我都可以聽得明白。所以你知道後來怎麼樣嗎？一些困擾整個部門的問題，開始一個個迎刃而解。」

這位主管是從何時開始做出成績？從他質問自己開始。他在怪那些不甩自己、躲避自己的組員以前，首先**捫心自問，自我省察一番後，才以提問的方式進行溝通，這麼一來才終於了解自己該做的事情，繼續向前**。

身為上班族，當你摸不著工作頭緒，想要向他人拋出問題之前，先鼓起勇氣問問自己吧！問了以後，我們的工作素養才能走上正確的路。

第2章

比工作能力更重要的人際關係DNA

01 就算離職，也要讓原公司留下好印象

對於總有一天會離職的上班族而言，「職場的人際關係DNA」是基本能力。我已經在職場上打滾很長一段時間，這些年來我有一個感觸，那就是「世界小得不能再小」。除此之外，還領悟到一點，那就是所謂的職場，你如果跟大家炫耀，就會有人嫉妒你，你如果跟大家分享難過的事，就變成弱點。

這是發生在我還是菜鳥時的事情。那時我的「長長官」（以前我們部門用軍隊用語稱呼自己的前輩和後輩為「長官」和「副長官」。「長長官」指的是我前輩的前輩），也就是一名代理，請我整理資料後交給他。

安代理：「金範俊，你過來一下。」

我：「是，代理你找我嗎？」
安代理：「你資料這邊……數據對嗎？好像有點問題。」
我：「啊，代理對不起，我弄錯了。」
安代理：「嗯。」
我：「其實我本來就不太擅長處理數字，不用說數學了，要我算術我真的是頭大。」
安代理：「……。」
我：「我啊，本來高中念自然組。不過數學實在太爛，所以在校成績不佳，沒能考上到想念的大學。重考時我就改成報社會組了。不過，後來念了商學院，入學之後發現居然有經濟數學這門課，我的天哪！真的是傻眼。那門課的成績拿到D，我到畢業之前也沒有重修那門課。對我來說數學真的是『致命』。」
沒能察覺那位代理的表情慢慢變得僵硬，我還開心的大聊特聊。
過了十年，那位代理一直在那間公司任職，最後成為高階主管，而我跳槽到其他公司，結果新公司被原東家合併，等於又回到那家公司了。嗯，還不算太糟，不，應該說還不錯，好像回到老家一樣。

我從別人那聽說，那個代理成了高階主管，後來我們在走廊上遇到，而我當時是課長。

我：「安代理！不是，是安理事好。我是金範俊。」

安理事：「我知道，哈哈，真開心啊！又見面了！不過你在哪個部門啊？」

我：「我在××營業部。」

安理事：「（歪著頭）嗯？金課長，你不是說你很討厭數字嗎？怎麼會在營業部處理數據？」

有一部恐怖片叫《是誰搞的鬼》（*I Know What You Did Last Summer*），而我就像這部電影的主角，全世界都記得我的弱點、做錯的事、不足之處，我終於明白不可以曝露自己的短處，給所有和我有關係的人知道，這讓我重新思考如何打理職場的人際關係。

世界真的很小，我打從心底明白了在這個狹小的世界，我的言行舉止該如何表現才恰當，貶低自己是絕對禁止的，而且還要讓更多人了解我有正面的工作 sense。

世上沒有人會想要和能力不夠、有缺陷的、討厭的、倒楣的人一起工作，如果不想在職場人際關係上處於弱勢，我們必須傾盡所能去愛自己。

別把「謙虛」和「批評自己」搞混了。在職場上可以批評自己或自嘲的，只有擁有某種地位的、有能力的主管才可以做，沒地位、沒能力的基層員工沒有任何理由自我批評，這種人的自我批評，是阻擋自己成長、阻礙職場人際關係變好的絆腳石。

說到世界很小，我還有一件事要說，那就是關於離職，我有過三次離職經驗。聽說現在一般人的離職率比以前高，這些狀況我也看多了，所以才想說如果你想要當一個有關係 sense 的人，離開公司時就要做得乾淨俐落。

因為圈子很小，你的前同事最後一定會聽到關於你的消息，或是還有機會碰到面。當然了，如果你原本在賣漢堡的公司上班，後來跳槽到銷售電子產品的公司，那再次見面的機率一定很小，不過就像大學主修的科系，會影響就業好一段時間，你第一個進的公司也會影響後來的職場生涯。如果明白這點，我希望你記得，如果你沒有特別跳到不同的產業，那麼是有一定的機會和前同事再次碰面。

離職一定是你考量到更好的未來才下的決定，我只希望你可以盡力留下美好的一面再離開，因為你的未來很寶貴。比如，**從交接工作到其餘瑣碎的事，都要讓留下來的人看到你盡了自己的本分後才離開，也希望你至少積極運用那些日後可能像迴力鏢一樣轉回你身邊的關係**。

我明白，你那「假如有辦歡送會的話，我一定要把欺負我的傢伙全部罵一遍再離職，不，要不乾脆翻桌走人？」的心情，但是你不已經藉由本書了解關係sense了嗎？倘若把他們當成不會再見面的人而隨意對待，就代表你沒把本書的精華吸收進去。

假如，你不想某天在工作上又碰面時，只想鑽地洞逃跑，而是以理直氣壯、瀟灑的樣子和前公司的人相處的話，我相信專業的你，會把收尾工作處理的精準又俐落。

當然，一定有離職的人在氣頭上，不僅沒做好交接，甚至連電腦資料都搞得亂七八糟後才離開，讓接手的人花費好一番力氣處理。但是站在長期上班，應該說長期討生活的衍生角度來看，我必須叮囑，這些東西最後都會像迴力鏢一樣回到你身上。

02 最近見過的五個人的平均值，就是你的存在價值

曾有一位優秀的上班族，應該說是「最佳上班族」（這麼說雖然有一點奇怪），他比起會多少技術或做出哪些成果，更注重一個人能建立起多少不同的人脈。他用有無關係 sense 來評估組織成員的能力，這個人就是已故的三星集團第二任李會長，李健熙。

李健熙會長和三星旗下公司的高階主管們，有過一段有趣的對話。（出處：金永俊記者，〈不為世人所知的三星會長——李健熙的故事〉，《月刊中央》，二〇二〇年十二月十三日。）李健熙會長在三星旗下的新羅飯店吃麵包，吃著吃著可能有什麼令他不滿意的部分，他後來打電話給當時新羅飯店的理事，發了好大的脾氣。

會長：「新羅飯店的麵包那什麼味道？那也叫麵包嗎？」

理事：「……。」

會長：「你要怎麼解決？」

應該已經腦中一片空白的理事這麼回覆：

「為了提升品質，我們會改用加拿大產的麵粉，然後重新檢視製作過程，包括仔細觀察蒸氣量、烘烤溫度等。未來我們還會再挑選幾位員工，送去法國、日本研習，改善品質。」

就我個人來看，這個回答應該是上班族能夠答出的最佳答覆了，但是李健熙會長卻因為這個回答更加雷霆震怒。

會長：「你說這啥無厘頭的東西？我現在等你，你找出答案後再來告訴我。」

哇，這根本是恐怖片的真實版吧？一個集團的會長對自己說出這種話，大概會覺得：「我這輩子完蛋了。」更可怕的是，李健熙會長沒有掛掉電話，不發一語的等了一分鐘以上。電話那頭只聽見會長的呼吸聲，但是三星集團的理事也不是隨便誰都能當的，那位理事突然想到了答案，聽了答案的李健熙會長聲音變得輕快。

理事：「我會馬上去挖角有能力的技術專家！」

會長：「這就對了，剛剛怎麼答不出來？」

透過這個例子，我希望你們可以找出上班族的必備工具是什麼，就算有技術、個性好，但即便你具備所有條件，關係 sense 仍是第一順位。李健熙會長將「速度經營」看得很重要，不過他的速度指的並不是「快」，而是「先」。

他重視「大家一起先做到」，勝過「一個人做得快」，所以能夠找出人才，就是職場人士，尤其是一位領袖應該具備的關鍵能力。

藉由人際關係促使自己和對方相互成長的領導者，不只李健熙會長。有一回，我聽了某個在谷歌（Google）工作的主管的故事。他不時需要參與挑選新組員的面試，而面試時他一定會提出這個問題：「請介紹你自己。」

大部分的面試者都會回答「我是〇〇〇，優點是什麼，做過什麼工作，取得了什麼成果」等內容，然而，其中有一個回答是他聽過最棒的：「我最近和A做了這件事，和B做了這件事，然後又和C做了……。」聽到這，該名主管喊出：「合格。」

他最後下了這個結論——你最近見的五個人的平均值就是你。

今天也和電腦搏鬥的我們，是不是該將視線從螢幕前移開，看看自己最近和誰見了面呢？關係 sense 就是創造出「我」的一種工作DNA。**我最近和誰見面、做了什麼事的平均值，最終會變成自己在職場上的存在價值，這就是為什麼我們要和好人、不錯的人混在一起。**

03 你是來上班，不是來交朋友的

我的個性一直都很急，要是見了一、兩次面，對方沒有對我釋出好感，我通常會不想再跟對方往來。工作上討論業務等情況，要是嘗試幾次後沒能取得特別的成果，我就會覺得焦躁不安；反過來，要是我想和對方趕快變熟，想給對方留下好人的印象，就沒辦法拒絕對方。我的急躁決定似乎扭曲了人際關係。

中文有句俗諺說「冰凍三尺，非一日之寒」，而為了拉近關係，首要之務是放輕鬆。我們在職場上碰到的人並不是物品，不是你想要擁有就可以擁有，也不是你想照自己想法做就可以這麼做，若沒有游刃有餘的心態，在對方看來，我們可能會像電影《戰慄遊戲》（*Misery*）裡舉著鐵鎚盯著人看的凱西・貝茲（Kathy Bates）一樣可怕。

別太早期待和職場上所有人都能維持良好的關係。回想我自己的職場人際關係，很多時候我被對方美好的第一印象吸引，結果期待泡湯，變成比仇人更討厭的關係。

我的城府不深也許是原因之一，更主要是我太容易相信別人，太傻。也許是從那時候開始吧？我開始討厭「裝熟」，我體會到太輕易變親近的關係，同樣也很容易變得疏遠。

公司不是交朋友的地方，而是一個世上競爭最激烈的利益型社會，絕大部分的人雖然彼此抱持警戒心，但表面上卻會裝熟。有個英文詞彙叫「frenemy」（亦敵亦友），是由朋友的 friend 和敵人的 enemy 結合而成。

根據某間線上求職網站以上班族為對象進行的調查，十名上班族中有六名有過 frenemy。而「本以為是站在我這邊的人，卻在背後說我壞話」也被票選為職場上最有壓力的狀況。

不管三七二十一就變親近，絕對要注意！我們必須拋棄傻瓜心態，別把聽從他人所有要求，錯當成是一種關係 sense！職場上的所有關係都是朝向將自己利益最大化的方向走。我希望各位不要害怕拒絕，就算是為了保護自己，也得適時說清楚。

我有一個在金融機構工作過的後輩，那時候他是個代理，被自己組的組長「做掉」了。他憤怒、焦躁不安，雖然很難受，不過接受精神治療後，勉強撐過那段日子。他後來被轉調到其他部門，負責和之前完全不同內容的工作，某一天，陷害他的組長被解職，調到他的部門隔壁，降為一般組員。

該後輩本想當個隱形人工作就好，沒想到某天那個前組長卻帶著微笑跟他打招呼，問：「你最近怎麼樣啊？我變成組員做新工作有夠辛苦的。」當初明明找各種藉口無情把自己踢掉，現在卻突然跑來裝熟，他覺得很難跟前組長相處。

然後有一天，前組長突然打電話給他，問他隔天有空的話，要不要一起吃頓飯、小酌一下。

後輩問我該怎麼處理這情況，他表示雖然是隔壁部門，不過暫時不會有一起共事的機會，不想跟他拉近關係，再加上過去不好的回憶仍記憶猶新，他問我，是不是一定要裝沒事，一起打屁聊天裝熟絡。

於是，我叫他這麼回覆，甚至幫他寫好臺詞了：

「我最近因為一些私人事情，實在沒有心思赴約。」

如果你問我這麼小心眼好嗎？我只能說，以我多年經驗來看，如果是現在的我，就會這樣回覆。我的傷口都還沒好，造成這個創傷的當事人連一句真心真意的道歉都沒有，就想要修復關係，那我當然沒有理由要原諒他。

有人說，薪水裡頭有超過一半的比例是用來支付情緒勞動[2]的。但是為了保護自己，如果那份情緒已經超過你薪水的負荷範圍，不應該省著點用嗎？**與其照顧別人的情緒，應該優先讓受傷的自己不要再更難過才對。**

其實我覺得很奇怪，為什麼人們會覺得和被自己傷害的人修補關係沒什麼了不起？難道他們覺得用玩笑或是尷尬的笑容，掩飾自己帶給他人的心理創傷，然後說著一點都不好笑的笑話、喝杯咖啡，或小酌一杯後就能夠修復？

所謂的職場人際關係 sense，並不是和組織內所有人維持表面說笑的關係，真正的出發點，應該是懂得對於會傷害自己的事情勇敢說「不」。我希望各位不是無可奈何的忍耐，而是擁有可以選擇忍耐的從容。

反過來也是一樣的道理，當然，你請同事幫忙時，不要以為對方一定會說「YES」，或認為對方只能說「YES」，我們至少要懂得觀察對方的表情和當下氣氛，確認是否可以拜託對方幫忙。像是正忙碌的時期打電話給後輩，跟他說「我今天想吃烤肉，等下晚上在公司門口見」之類沒頭沒腦的話，以後不要再說了。現在已經沒什麼後輩會想跟這樣說話的前輩共處。

不過這並不表示我們不行主動邀約私下聚會，只要調整語氣為「我有○○的工作需要你協助，你有時間跟我聊聊嗎？」或「最近怎麼樣？今天或明天中午要不要一起吃頓飯？」且把對方的拒絕視為正常情況，並表現出謙虛的態度。

2 emotional labor，是指工作者能管理本身的情緒，以完成職務。首次出現於一九八三年，起源於美國社會學家亞莉・羅素・霍奇查爾德（*Arlie Russell Hochschild*）的著作《心靈的整飾》簡體中文版（*The Managed Heart*）。

想在職場上拉近和同事、後輩，以及主管的距離，就是這麼複雜的事情。即便如此，我們也不能放棄，我們要把它當作一種長期專案，慢慢建立起來。

04 有些事，不做的壞處比好處多

有時我們可能會參加公司舉辦的工作坊或研習，外向的人可能本身就喜歡這類活動，但是不少人會覺得要和不認識，甚至是來自不同部門、職等也不同的人變成同一組組員後，一起參與活動有困難。

不過，總是避開不參與公司活動，不太符合團體生活應有的禮儀，如果你不想被認為是那種不積極也不消極的組織成員，那我想給你以下的建議：

有個詞叫「促進者」（facilitator），指的是使會議或教育訓練等活動，順利進行的角色，你可以想成是協調人員。

你怎麼看待這些工作內容？是不是覺得預約聚餐場地那些工作很煩，而且沒有必要？也許你會想：「反正我是不會去攬這些工作來做，又不是我的工作範疇。」我現在仍抱持著跟你類似的想法，「拜託，在公司做好工作就可以了，還要培養什麼感情」。

但我希望你別像我一樣，你反而要成為組織裡的最佳協調人員，無論那和你的職務有沒有關聯，假如你進公司沒幾年的話，你要樂於接受這些事並開心回答：「我來做吧！」

雖然已經提過許多次，我以前真的不會去做這些事，也因為這樣我後來才發現不做的壞處比好處還多，所以才勸大家參與。就算你不會主導、策劃活動，如果可以當一個積極的參與者，協助主持人，也算是扮演一個好的協調者。

這些事情有時候看來很可笑、很煩、很累，但是光做好這件事，就算沒人稱讚你績效卓越，卻可以聽到這樣的讚美——「那個人，滿會主持活動的，也很擅長社交。待人處世應該也很圓滑。」、「看你安排我們組的郊遊活動，很仔細嘛！很會規畫，日後不管交給你任何事務一定都可以辦得好！」、「連細微部分都照顧到了，活動也主持的流暢……你很有熱情！」

你就將這種特性，當作是職場的潛規則就沒那麼複雜了，因此我希望你可以樂意去負責這些事情，把它當成盡情展現你的關係 sense 的機會。

前輩們會對你抱持多高的期望嗎？不會；只要拿出業務成果就會被認可嗎？不是的。前輩評估的，是你應對「小事的態度」。客觀來說，**大部分企業的前輩都認為：時常充滿能量、人際關係好的人，比成功做出一番成績的人更好。**

我印象中《獅子王》（*The Lion King*）這部片的開頭場景是一片廣闊的非洲草原，隨著太陽升起，整個世界也跟著亮了起來，然後片頭曲隨之播放，真的非常棒！我簡單說明一下劇情：身為萬獸之王的獅子王為了拯救自己的兒子，也就是小王子辛巴而失去性命。獅王一死，辛巴就被趕出王國了，而被趕出去的牠意志消沉，此後也沒有什麼野心，日子勉強還算過得去。

但是在這段期間，真正害死辛巴爸爸的叔叔變成王國的獨裁者，很多動物飽受牠高壓的欺凌，王國面臨危機。在辛巴的父親擔任獅王時，擔任巫師的拉飛奇則找到辛巴，要牠回到王國去，成為國王拯救王國。但是辛巴卻回：「我滿足於現在的生活。」一迴避這項提議。這時候，拉飛奇給牠一個建議：

「選擇逃避或學習！」（Run from it or Learn from it!）

聽了拉飛奇要牠別逃避，而是從過往中學習，辛巴決定踏上歸途，最後辛巴解救了受獨裁壓迫而無法發聲、飽受痛苦的動物們，將王國恢復原狀。雖然這只是電影的一部分內容，但也是讓我回顧自己的一個契機。躲避不是答案，必要時，我們得去嘗試並在碰撞過程中建立關係DNA。

在成為會做事的人之前，要先當個好同事，這是身為組織一員應有的態度，所以我建議各位，對於職場上發生的事情，只要不是犯法或不公正的事情，與其逃避不如選擇去學習看看，理直氣壯的面對。

05 不要隨便想教會別人什麼

小說《大亨小傳》（*The Great Gatsby*）的開頭有這樣一段內容：「小時候我父親曾給我建議，現在我想起那個建議了，當你想批評某個人時一定要記住，不是所有人都和你一樣站在有利的一方。」在職場上，當我們要評論別人之前，應該懂得先想想自己是不是站在有利的一方。

光是懂得思考這點，大概就能減少職場的口舌之爭了，不過我們通常說出口的話都是不同於心之所想，無論如何就想知道自己的話，對於對方而言有多大影響力，所以悲劇就開始了。

我們很想表現自己，很好奇自己說的話有沒有力量，於是把心思都放在對方聽了自己的話後，會有什麼反應，如果對方貌似沒有聽懂，或回答超出自己的預期，就會發脾氣、懊惱，這是因為我們還不懂自己脫口而出的「惡意話語」會對他人造成什麼影響。

要記得，有些話不說出口對於維持關係，甚至進一步改善關係才是更好的做法。職場上也是一樣的，有一回我被問到這個問題：

「我是一名代理，進公司已經第五年了，明天會有新人來報到，中午會跟他一起吃飯。聽說最近跟比自己職位低的人對話，比跟上級對話還難。唉，不知道要怎麼樣聊天，才能給新來的後輩一個好印象，拉近彼此距離。說實在的，組長一定也在看我怎麼跟新人相處，所以我也想給他看看我的『領導力』。」

我這麼回答：

「你一定有很多話想說，想給他建議、鼓勵他，有時候可能也想鞭策他。但我勸你不要刻意去說些什麼，傾聽就好。你要把目標放在『讓新人可以盡量多說

話』這點。明明就不懂對方，還對他說三道四是一種犯罪行為（現在的我也在做這樣事，對不起）。

「但這不是要你完全悶不吭聲，引導對方說話也是一種技巧。**最好的方式，就是說說『你的失敗經驗』**。只要誠實說出你做過的，像是新鮮人時期的失敗經驗、不小心犯錯的故事就可以了。聽到前輩的失敗故事後，新人才有辦法直視你的眼睛，開口說話，邁出建立良好關係的第一步。」

如果你希望後輩認為你是很不錯的前輩，就不要隨便想教人家什麼、別在對方開口請你幫忙前先發言。對了，我有一句最不想說的話，不，應該說是最不想聽的話。那就是已經對對方造成很大的心理傷害，看到他極為難受後，這才拋出一句「我不是這個意思」。還有比這句話更無知、更殘忍的話嗎？希望各位記得，連自己想說的話都表達不清楚，就代表你是沒有對話能力的人。

當然不是要你完全不對話，努力讓溝通順暢是必要的。我的辦法就是藉由自身的失敗經驗，間接引導對話。比如，與其用威脅的口吻說：「你一定要弄懂我們公司的經費使用規定，弄不好的話可是會被開除的！」不如聊聊過去在上班期間，你曾違反公司經費規定的相關故事。

以身作則和多管閒事只有一線之隔。以身作則來自於謙虛承認自己的失敗並自我反省；管閒事則是別人沒有問，你就想去教別人。倘若你選擇以身作則，率先垂範的話，你等於已經開上通往關係DNA的高速公路。

有一天一定會聽到別人這麼稱讚你——「那個人，很不錯！」

06 不搞辦公室政治，但跟主管要有好交情

我有一個後輩任職於金融公司，他告訴我，他幾年前參與公司的內部研習，當時有個課程叫「和高階主管對話」，參與課程的，是非常受後輩尊敬的高階主管。進行到參加者和高階主管自由問答的環節時，有一名參加者這麼問那名高階主管：

「我認為我們公司是好公司，但是有一件事很可惜，就是公司內好像有所謂的『派系』。本來應該靠實力決一勝負，選對派系站就能成功的話，這樣是對的嗎？您對這種人有沒有什麼看法呢？有的話請分享給我們。」

你覺得那名主管會怎麼回覆呢？會說「沒錯，這種文化確實該根除。是誰？我會第一個斬草除根」嗎？他是這麼回覆的：

「你應該很難過吧？你對公司的情意非常深，不過我也想請問，你認為這個世界……是公平的嗎？」

參加者們議論紛紛，問他在說什麼啊？而這名主管依舊冷靜的回答：

「如果不能表現自己，就沒有人會去注意你。**你們罵得這麼凶的『選派系』也是同樣道理。應當把它視為是表現自己，不，應該說是為了保護自己的一丁點努力**。你說你上班超過十年了對吧？那當你面臨危機時，有團體會幫你嗎？大概五、六個？不然一、兩個？如果沒有的話，可能這麼說很抱歉，但那表示你疏於經營人際關係。」

聽到這一段話，我覺得十分衝擊。別說有五個團體可以保護我，就連一個都沒有，懈怠於團體生活的人就是我。

其實我是極為討厭在公司裡「搞政治」的人。也許是天生性格使然，我真的不喜歡刻意親切以待他人，甚至非常厭惡何時何地都可以稱自己的主管一聲「哥」，老是阿諛奉承的人。養成關係DNA？我完全沒興趣，難道是因為這樣，當我碰到困難時，腦中卻想可以求助誰。

這也算是一門政治學。當然了，我仍舊堅決反對咬得你死我活的政治鬥爭，但是對於拯救自己、宣傳自己存在價值的政治行為，現在的我，抱持肯定態度。曾經連聽到「公司內政治鬥爭」都忍不住皺起眉頭的我、對政治兩個字過敏的我，現在卻認為很可惜，要是我當時有好好表現自己的影響力，也許就可以獲得建議和支援勢力，取得卓越業績成效，也更快學到東西、成長吧？甚至還能進一步，在組織中站穩一席之地。

你肯定不想一直在組織中當弱者，當你周圍友人跟你說「公司裡哪需要什麼政治、關係不重要」時，我希望你會懂得回他們：「不要吃米不知道米價。」能夠保護你、讓你成長的某個東西，只要不危害到他人，那就是好的。那麼，可以提高sense還可以穩住你的位置，不讓任何人看輕你，讓你成長為一個領導者的方法是什麼？

這邊我要介紹可以加強關係DNA的例句，這不是要你直接跟主管說：「哇，經理你看起來很年輕耶！都不會老！」等，帶有奉承意味的話，而是要盡情展現自己的野心。

「如果讓我負責這個專案，我想把重點放在○○的部分去推動。」
「總有一天，我會當組長帶領組員吧？為了那一天，現在請多指點我。」
「在策略企劃方面，我比較沒有能力掌握整個大方向，要往哪方面進修比較好呢？」

你可能會問，經常表露自己的野心和強化關係DNA有什麼關係？就我觀察到的，**平常不斷說想當領袖、表現出自己想當的人才能當上；而平常既不表現自**

己，只會傻傻做自己該做的事，滿足於那個水準的人，當然沒有當領袖的份。我甚至聽說一個中型企業的高階主管這麼說：

「到了人事調動的時期，上級會希望他們可以煩惱『要拿這個人怎麼辦呢？他說想當組長，哎呀，真頭痛』，然後陷入有點幸福的煩惱。假如人事考核或升遷時期，上級不需要煩惱這個問題，那表示你的職場生活出差錯了。」

與其認為建立關係裡需要的只是虛情假意的話語，不把它當一回事，不如把它當成表現自己真心的一種方式吧！在職場上，只要彼此認同，能夠表現出想好好相處的心意就足夠了。雖說工作是討生活，不過一旦在職場上表現得好，就會希望受到認可這點不管是我們這些小員工、組員、後輩們，還是主管都一樣。

「我都沒有想到那個方向，果然前輩這一點真的很厲害。」

不是要你編出假話，而是去認同。**你想被主管認同，你也要認同主管並且說一些可以助長他氣勢的話。如果你不會說**這些話，那麼**與其想出新的句子，不如把平時主管們說過的好句子或名言記起來，**視時機重新用上，也很有幫助。

「我一直想起之前理事您說的那個成語，我媽媽也很喜歡研究成語，所以我就跟她分享那句話了。」

這可能不是什麼很厲害的話，但是主管會感覺到你有認真在聽他講話，這些東西累積起來，也許會在決定性的時刻幫助到你。

一直以來，我們經常用不喜歡、沒有用、討厭等負面濾鏡看待主管的話，因為拒絕真心接受主管的心態，只要聽到和自己意見相反的回饋就會生氣、難過。現在我們不妨客觀檢視主管的回饋，從他們的那一套方式中，找尋解決問題的起始點。

「站在巨人的肩上可以看到更寬廣的世界。」（If I have seen further it is by

standing on the shoulders of giants.）這是牛頓的經典名言。站在巨人肩上的小矮人，可以看得比巨人更遠，而接受領先在我前頭的人們幫忙，就像站在他們的肩膀上一樣。我們跟主管培養交情，並不是為了用不當的手段擠下其他競爭對手，所以為了站上巨人的肩膀，和上級打好關係並不是壞事。

也有人說，上班族的共通敵人就是直屬主管，我可以理解這些人為什麼會這麼說。然而，與其用這種負面心態讓職場生活過得不順心，不如找尋和主管的共同興趣話題，讓日子過得輕鬆一點不是更好嗎？

我們人生有一半以上的時間都要在公司度過，職場生活必須要輕鬆。**而在公司過得輕鬆與否，取決於在公司締結的人際關係，而這個人際關係的核心就是和主管的關係，也就是為什麼要跟主管有好交情很重要。**

07 多讚美別人，也要樂於接受讚美

假設A愛B，那麼A要做什麼呢？光用大腦想著愛他，什麼事都不會發生，愛一個人首先會想知道對方喜歡什麼。比如，B喜不喜歡花？喜不喜歡吃辣？喜歡看電影嗎？喜歡旅行嗎等問題。在得到解答後，接下來就要付諸行動，請他吃辣的食物、一起去看電影或旅行，這大約就是愛了吧？

上班族的人際關係就像是公司裡頭的愛情故事。為了獲得職場前、後輩或同事的認可和幫忙，最終一起完成工作、取得佳績，我們要借助愛的力量，要去愛周圍的人也接受他們的愛。為了愛人和被愛，與其想盲目改變對方，不妨先改善自己的言行舉止。

要讓別人發覺自己的變化，最好的方法就是告訴對方你對他的愛。在公司談愛？好像滿尷尬的，應該說，我們找出愛人的幾個方法，並把那些方法替換為「同事愛」，應該就比較合理了。最簡單、最快在職場上展現自身的變化、同事愛的方法就是「稱讚他人」。

關於稱讚，首先**要記得的是，不在於多有內容，而是稱讚的「時機點」**。

最適當的時機點，就是「現在、立刻」。全世界的經典名言都已經告訴大家了——現在就是最好的時刻。稱讚也是同樣道理，只要立刻稱讚眼前的對方就可以了，別以為等到適合的時機再稱讚就好，不現在說，稱讚就沒有任何意義了。

沒什麼好害怕的，只要去觀察對方因為你的讚美而有什麼改變，然後享受那份充實感，這對我和世界來說皆是雙贏。

據說**世上最難的其中一件事就是「替別人開心」**。為什麼說難，就是因為沒有人去做。這裡有一個機會，當別人不會、沒辦法稱讚，如果我可以先去讚美，一起替他開心，那就已經是「準勝利組」了。如果今天的你，依然困擾於職場的人際關係，那麼不妨試著替對方感到開心，鼓起勇氣去讚美對方。

「真的太好了，恭喜你！」

「成績太棒了，很厲害！」

「這個問題很難處理，你怎麼解決的？真想學一手。」

稱讚是帶來成功的語言，全世界的偉大領袖都是稱讚達人，幾乎很難找到吝於讚賞他人的領袖；相反的，批評很簡單，批評一個人是每個人最會做的勾當之一。比如有點年資、地位高的人中，有人特別喜歡在大庭廣眾之下指責、批評部下的失誤，還大言不慚的說出：「如果我當上主管，我一定要搞死他！」

各位知道夏克頓（Ernest Shackleton）這個人嗎？他是一百多年前第一個抵達南極大陸的探險家，可惜他的挑戰最後以失敗告終，但他仍被全世界視為偉大的領袖之一。他們的隊伍碰上巨浪、暴風雪，和飢餓等惡劣情況，甚至還在航海途中碰上大災難，但他仍發揮卓越的領導能力，救了隊員們。尤其是夏克頓在挑戰橫越南極大陸時，投放的招募隊員廣告令人印象深刻。

「徵求探險隊員。報酬少，天氣嚴寒，會連續幾個月處於黑暗之中，也可能不斷面臨危險，無法保障生還，但只要成功，就能獲得名譽和讚美（認可）。」

以上被稱為「近代徵人廣告開端」的短短幾行句子中，有一個引人注目的單字，那就是讚美（認同）。許多年輕人會樂意挑戰傳說中那極為困難的「人類首次橫越南極計畫」，不為別的，他們只需要名譽和讚美（認同）。不過，比起挑戰首次探險南極大陸，成為公司第一個瘋狂讚美他人的人，可能要來的簡單多了，假如做到了，那你的關係DNA應該達到顛峰了。

等等，不是稱讚完就沒事了。如果你在職場上碰到溝通方面的困難，我常常勸人的其中一句就是「傾聽讚美」。

假設你的主管稱讚了你：「○○○，你辛苦了，雖然情況對你這麼不利……。」你要怎麼回答呢？我很好奇聽到這句話，你會有什麼反應？我試著寫出以前我回答過的內容，那是我當組長時，靠著整個組所有成員的努力拿下一張大單的時期，當時，我和成功拿到訂單的組員一起把這件事報告給高階主管。

高階主管：「金組長、朴課長，真的辛苦了，雖然情況這麼不利……。」

組長：「唉唷，不用這麼說啦！這沒什麼。」

高階主管、課長：「……。」

高階主管稍後請其他組員都離開會議室，只請我留下來，跟我說：

「金組長，**主管讚揚你一定有他們的原因。他們沒有閒到會稱讚一些不重要的小事。好好接受稱讚也是上班族該具備的態度之一**。以後你要記得傾聽對方的讚美，然後做出適當的回答。」

聽到這番話，我覺得很不好意思，不僅對那位高階主管，也對剛才在我身旁的組員感到抱歉。之後我想了想該如何接受讚賞，最後我決定下次碰到類似狀況時，要盡量用這三個階段回應。

第一階段：（接納）是啊！真的不容易，幸好順利完成。

第二階段：（感謝）謝謝您懂我們的辛苦，您的建議也給我們很大的幫助。

第三階段：（傳遞）我會好好跟我們這一組的成員轉達您的讚賞，謝謝。

稱讚變成和對方拉近關係的關鍵契機。這時被讚賞的人的態度，和稱讚的人的立場一樣重要。職場上一年內都不知道能不能聽上一、兩次的稱許，你要怎麼接納，要怎麼感謝，又要怎麼傳遞呢？

08 不要過問同事的私生活

私生活很重要，公司彼此都了解各自家庭大、小事的時代已經過去了，就算是組長，隨便要求加組員臉書好友是不禮貌的舉動。而就算成了臉書好友，看到組員上傳的照片去跟人家說「你男朋友長得滿帥」，就等於公告世人你白目。

「工作是工作，個人是個人」這是上班族必備的基本常識，員工當然也不能隨意窺探主管的私生活，如果你認為主管帶領幾個組員，所以他的私生活也可以公開在眾人之下，那就錯了。

有一回我和在文化領域工作的後輩見面。他人很好、很認真，是一位備受認可的領袖，總而言之是一個很受歡迎的人，也快要升上高階主管，在組織裡面，是備受認同的核心人才。這樣的他有一天卻灰心喪氣的跟我抱怨：

「前輩你也知道我今年四十歲、結婚第七年了，但是時不時總會從別人那邊聽到：『組長，你新婚生活還打算過多久啊？會不會太疼嫂子了？現在該生個可愛的孩子了吧！』我的心情很苦悶也沒有什麼話好回的，每次都笑笑帶過，但是難免會不開心。現在的年輕人，為什麼都這麼不會察言觀色？」

這位後輩還沒有孩子，沒經歷過的人絕對無法懂他的痛苦，我能理解，卻不知道該說些什麼安慰他。一方面也對他那些組員很生氣，就算他人很好、不擺架子，但也不能這麼大喇喇去問一個不知道是不是別人心頭上一根刺的問題。

當然，我很想相信那個組員大概是想表示他對組長的關心，但即使是善意，如果會對聽者造成傷害，那他就是完全不會看眼色。

可以不受拘束的聊私人煩惱、彼此的日常生活，關係親近固然好，但不能誤以為可以隨意按自己的標準去評論他人的私生活。有素養的人會知道，越是親近的人，就越需要謹守界線。請記得，你可能會因為毫無想法拋給主管的一句話，讓他準備和你說再見，如果你不想打壞原本良好的關係，千萬要小心。我們再來看一個例子吧！

我有另一個後輩在金融公司行銷部門擔任主管，她無論是外表、學歷、績效等，都讓大家讚不絕口。而接近四十歲的她目前仍未婚，表面上看起來泰然自若，但是結婚對她而言就像遲交的作業，因此最近積極的相親。

然而有一天，她說她狠狠的罵了一名員工。

「昨天因為有家庭聚會，所以我下班就馬上離開公司了。今天早上有個組員對我說：『組長，聽說妳昨天相親喔？那男的怎麼樣？』真是氣死我了，我問他誰說我相親，他說是另一個員工說：『組長打扮得這麼漂亮還趕著下班，一定是去相親。』讓我更氣得是，我本來很喜歡說那句話的人，他是我很親近的後輩。我好像背後被捅了一刀。」

我安慰她，這件事笑一笑也就過去了，沒什麼。但其實這種事情，絕對不是「沒什麼」。會做事的人通常對自己的私生活也有嚴格標準，平常不太有紕漏也不會捲入口舌之爭，不會惹出事端。她就是這樣的人，但是那個員工卻傷到她的自尊心了，所以感受到的背叛感自然不小。

每個人的私生活就像每個人想法一樣各有不同，所以我們絕對要小心，不要隨意干預別人的私生活。人人都有不想被人知道的私事，比如不是那麼亮麗的學歷、難以啟齒的家庭問題、對自己身體不滿意的部分、離婚、配偶過世等，如果你去掀開這些，會怎麼樣？

「前輩你是哪間學校畢業的？」、「您父母親做什麼的？」、「您年輕時一定有很多女朋友。」、「你不打算結婚嗎？」、「還沒有小孩嗎？」、「您身高多少啊？」、「打算什麼時候買房？」這些不叫做問題，是言語暴力，將這些話說出口，也可能會一次瓦解過去和某人累積起來的好關係。

有的人會把對方的弱點當成玩笑隨意揭開或炒成話題，這種人除了人際關係的 sense 零分，更是個連基本臉色都不懂得看的人。如果對於我這個說法，還回道：「那不要對別人的話認真不就好了？」那等同於沒有基本的職場素養。世上有幾個人可以若無其事的忽略他人的話呢？

假如你的職場人際關係總是有問題、不太順利，先自行檢視你會不會察言觀色吧！切記，「吐出口的話也許會成為某人揮之不去的傷口」。

第3章

練好說話DNA，就不會輸在不會表達

01 好好說話，好好抱怨

我讀了創立韓國「外送民族」App的負責人——金逢進的故事，其中一段是他在面試新進員工的故事，我改寫那段文章並整理成以下對話。如果你是當時的應試者，會怎麼回答畫底線的部分？前提是結局要像對話的最後一句一樣——被錄取。

金逢進：「你應該也去了很多家公司面試吧？」

應試者：「上週面試了N公司，沒能被錄取。」

金逢進：「那應該是你很想進去的公司吧？收到未錄取的通知後，你做了些什麼？」

應試者：————

金逢進：「每次沒被錄取時，你都這麼做嗎？」

應試者：「是的，這是我的習慣。」

金逢進：「是喔，恭喜！你被錄取了！」

我很好奇如果是你，你會怎麼回答。被錄用的應試者是這麼說的：

「為了繼續鼓起找工作的勇氣，我去吃點好吃的東西。」

若想要被錄取，回答就要「正面」，金逢進這麼說：

「該名應試者有身為上班族該具備的好習慣，其實職場不是有趣的場所，反倒時常發生艱難的狀況，而在這個過程中我們會受傷、憂鬱、覺得自己很悲慘。但是，他有一個可以輕鬆克服困難的優良習慣——他懂得創造出正向力量。」

據說，正面思考可以大量分泌腦細胞中的多巴胺（dopamine，一種大腦神經遞質，傳遞愉悅的訊息）以增強執行力，而常保持樂觀也能培養忍耐力。最近許多企業對於員工倦怠、失去動力以及離職率升高的問題感到煩惱，而能夠克服這些情況的關鍵字就是正面，因此可以把自己的心態包裝為正向態度的人，公司怎麼可能不愛呢？

當然所謂的職場，並不是這麼單純的地方，有人說上班時，光看到公司大樓都覺得頭暈；有人說在安靜的辦公室裡，聽到隔壁組長的呼吸聲就覺得痛苦。但就算如此，成天喊著「討厭」，是對的做法嗎？

假如你說對一起過一輩子的家人必須誠實，然後跟他說「你皺紋越來越多了」，是不會得到任何好處的，不如跟他說「你的皺紋使你看起來有優雅的風範」，不是更好？而在職場也是同樣道理。

無論是職場或日常生活，甚至是我們經常收看的運動比賽也是，保持正向心態是一種可以讓一個人變得更好的能力。

韓國職棒隊伍中，以首爾作為根據地的有斗山熊、LG雙子和培證英雄。很久以前斗山熊有一名叫史考特．普洛克特（Scott Proctor）的球員，二〇一二年他擔任關門（後援）投手，成績相當亮麗，而且無論是粉絲或是其他選手，異口同聲稱讚他品行優良。他在某次採訪中被記者問到：「我聽說你在球場上，從來沒有說過一次我不行。」他這麼回答：

「小時候家裡是這麼教我的：如果你領人薪水，你就要時刻準備好做事。當他們要我站上投手丘，我從來沒有說過『今天我不行』。」

史考特的父親是一名會計師，而他本身也是學會計的，為了替從棒球生涯退休後的人生做準備，他另外抽出時間研讀證券經紀人的課程。雖然他這麼努力，最後還是因為負傷離開韓國，但是如此正面思考的人，無論到哪裡、做什麼工作，一定都會成功，這正是世界上所有組織都想要的典型人才特質。

職場的說話DNA關鍵在於正面，這並不是要你忽略、接受不合理的要求，而是假設這是公司和組織成員苦思良久決定的方向和指南，即使與你個人意見有所不同、有不滿意的地方也要接受。

當然，前提必須是在得出結論以前，組織裡的每個人能夠自由表達意見的「絕對公正」準則下。比如，會議主旨在於「三項提案中哪一項最好？」假設後輩聽了前輩的所有意見，雖然內心覺得第三項最好，但還是選了剛剛前輩們挑的第一項，無論站在個人角度或公司角度，這都不利於發展。

一間中型企業的組長某天參加一場會議，當天的主要議案是決定要採用A、B、C其中一個方案，但是他看到組員都在看高階主管的臉色，不敢先提出意見。不知道從什麼時候開始，他總是先開頭說出自己的看法，因為如果讓高階主管先發表意見，其他人大概不敢說出相反的想法，他努力不讓可能打斷交流的情況發生。

當然，這也要建立在高階主管願意傾聽員工意見的情況下才行。因為他的勇氣，在那場會議中，包括高階主管在內的所有員工，大家都很踴躍提出自己的意見，會議充滿自由討論的氛圍。在那之後，整個組的成員變得能更加自在的表達自己的見解。

如果一個組織成員連自己該說的話都不能說、要是對主管的話持相反看法，就會被說：「哪輪得到你發表意見？來上班就是這樣的！」這麼險惡的氣氛下，這個組織會是健全的嗎？一定不是。**「好好說出你們的想法，沒關係！」要有這種對話環境，組織才有潛力往更好的方向發展。**

經過熱烈討論後有了結果，即使結果和自己的想法相反，大家也能夠減少負面反應，展現接納的態度。我想這樣應該是比較理想的做法。即便如此，如果你還是覺得要你保持正面心態的建議有點難接受，我想用「如果事情已經無法挽回，用平靜的心去接納也是一種勇氣」這句話來鼓勵你。

能夠滿足對方想要的，那是你的能力，也是你的勇氣，更是你的自信心。我期待你能養成正向的說話DNA，成為所有公司都需要的人才。

02 你至少要懂得自我介紹

有時我會思考「上天為什麼讓人類說話」這個問題。看看我們周遭，無論昨天、今天，還是明天，經常可以看到有些人天生就愛說話傷人。我想問身為上班族的你，在職場上常聽到說出美好的、溫暖的、替別人著想的話；還是更常聽到無情、冰冷、造成心理傷害的言語？

我希望職場可以變得更加溫暖，而能夠讓我們充滿朝氣去上班的力量，來自於同事的一句親切問候。當然，在期待別人擁有好的說話 sense 之前，得從自己開始改變，我希望大家不要總是處於緊張狀態、總是站在保護自己的立場說話，反而要有自信的去溝通。說出口的每一個字、每一句話都要不失禮貌，甚至還可以進一步說出對他人有幫助的話。

不僅是在工作上，像是組織內的同好會活動也是同樣道理，近來越來越多公司會成立一些登山同好會、遊戲同好會、讀書會等休閒聚會，必要時還會補貼活動經費。

不知道各位有沒有想過，為什麼公司要資助這些聚會？我個人倒是認為這些都是經過公司計算過的。**如果能夠透過組織內的活動交流累積人脈，當員工和其他部門有業務往來時，這些聚會自然會扮演潤滑劑的角色**，這終究**對公司的成長有益**，算是企業整體層面上的一種投資。

因為這些人際關係，沒人知道會在何時、何處發揮功用，所以，有一件事情很重要——不論是在職場或私下的聚會，你都要重視說話的方式和內容。擁有善於表達的DNA，代表你有懂得區分時間、場合，做出適當反應的對應能力。

以前我曾經加入一間入口網站社群所舉辦的馬拉松同好會，會員中有一位是拍攝獨立電影的導演，他和一位想成為劇作家的會員因為馬拉松而變親近，之後還一起合作拍片；我也看過在行銷公司上班的會員，和在出版社任職主編的會員一起合作，開了一間專門做宣傳企業印刷品的公司。

在自己公司之外都能有這樣的例子了，更何況是在自己的公司內，說話要更為謹慎。

我也曾參加公司的登山同好會，在某次聚會中，我看到另一個跟我年紀相仿的成員這麼介紹他自己，令我佩服不已。

「大家好，我任職於經營支援組，爬山是我唯一的興趣。如果大家寫報告碰到困難可以找我，我們組都叫我文書達人。需要報告資料的範本也可以聯絡我，其他的我不敢說，但是這個我一定可以幫忙大家。」

可能你會覺得這段自我介紹很平凡，但是我認為他的這段自我介紹非常有sense。在場的每個人基本上都會有需要寫報告的時候，如此一來，大家之後碰到困難不就會去找他嗎？而在接受一、兩次幫忙後，他們在公司的關係就比別人更緊密了。

其實我自己就在那之後不久，有請他幫忙，後來我們的關係滿長一段時間都很不錯。

在公司只靠自己能力決一勝負的時代已經過去了，是否懂得發掘有能力的人、怎麼運用這個人，也會成為自己成長的關鍵。表達ＤＮＡ可以替你大膽展現自己的能力，告訴大家你能夠給予協助，行銷自我。

03 閒聊也能帶來機會，別小看這件事

所謂的「閒聊」，指的是從天氣、電影、運動等日常話題，輕鬆展開的對話。《中庸》中有一句話：「君子之道，辟如行遠必自邇，辟如登高必自卑。」把君子之道和溝通串起來雖然有點不太自然，不過兩者背後的道理是一樣的，若想取得高成就或厲害的成績，那麼就要從低處，也就是從小地方好好「說」起。

可別小看閒聊這件事，人們反而容易在閒話家常中，不加修飾的把自己的想法表達出來，因此還是得小心。如果需要和合作廠商開會、主管對話，或在休息時間閒聊，可以參考以下的範例。

「最近這麼不景氣，我們公司的業績怎麼有辦法一直成長？」

「平常您都怎麼管理自己的行程？居然可以做到這麼多事情，太厲害了！」

「您下個月又要去國外出差？那得好好保重身體了！」

只要適當運用閒談技巧，就不會害怕跟主管或重要的客戶對話，能讓對方認識到你。

以下是進行完業務報告後，金組長和高階主管朴常務一同用午餐的故事。點了雪濃湯後，等待餐點送上期間總得說點話，但又不知道該說什麼。這時候我們可以比較兩種例子。

範例一

金組長：「今天開會聽我們簡報，辛苦您了。」

朴常務：「嗯，最近你們組沒什麼狀況吧？」

金組長：「是的，托您的福一切都好。」

朴常務：「好。」

金組長：「……。」
朴常務：「……。」

範例二

金組長：「今天開會聽我們簡報，辛苦您了。」
朴常務：「嗯，最近你們組沒什麼狀況吧？」
金組長：「是的，托您的福一切都好。」
朴常務：「好。」
金組長：「聽說令郎今年上大學了。」
朴常務：「你怎麼知道？唉，吊車尾考進去的啦！」
金組長：「我家小孩現在國中二年級，要跟您討教一些祕訣。」
朴常務：「唉唷，孩子都是媽媽在帶的，我也不懂那些啦！」
金組長：「您在教養孩子時，最常跟他們說哪些話呢？」
朴常務：「我經常跟他們說三件事。第一……。」

範例一中，金組長在雪濃湯送上後，和常務各自沉默直到用餐後結束，他一定很不知所措。範例二則不一樣，對話成了他們鞏固彼此共同話題的機會，雖然提私事要格外注意，但如果可以記得對方平常提起的話題或喜歡的事物，就會成為好的對話題材。

一句「最近怎麼樣？」就可以了解該如何和對方建立關係、現在狀態如何等資訊，閒話家常可以讓我們從無關緊要的細節中，找尋跟「對方」有關的話題，是上班族可以輕鬆運用的說話技巧。如果你仍然不習慣這麼做，只要明白與其絞盡腦汁說些什麼，不妨先去「問」些什麼，就可以延續話題，希望你可以記下以下三項提問並好好運用。

- **「你是做什麼的？」**

↓若是公司的同事：「你現在負責〇〇〇的工作，對吧？有沒有比較辛苦的部分？」

- **「怎麼開始做這份工作的？」**

↓若是公司的同事：「一開始被分發到這裡的時候，你覺得怎麼樣？」

- **「你喜歡現在的工作嗎？」**

↓若是公司的同事：「你未來也想繼續從事此領域嗎？還是會轉換跑道？」

04 重點擺在前頭說，然後反覆提及

為什麼我們需要具備說話DNA？就是為了說服對方，不過要遊說別人實在很難，感到被強迫時，任誰都會啟動心理的防禦機制，因此說服對方不能單就表面的利害關係去爭論，而是要走心理戰。說到底，說服不要光靠邏輯。

那麼究竟該如何說服對方呢？對此我將介紹三項重點：

第一，重點放在前頭。

重要的內容必須放在前面講。假設我們要發郵件，**須把整體內容濃縮成一句話，並寫在最前面，其他內容之後再寫清楚。不需要冗長的開場白**，尤其當寄信的目的是說服他人時，就更不能加一些沒有用的句子，要寫得簡潔、不加修飾。

說話也是同樣的道理，我們必須練習發言要開門見山。記住，**把想說的重點擺在前頭，就是上班族說服他人時要遵守的黃金法則。**

第二，反覆提及。

假設你對新上市的相機非常有興趣，但是你兩年多前才剛買數位單眼相機，這時你要怎麼說服先生、太太，或是父母親讓你買？要說明新相機的效能和價值嗎？我想這麼做應該也很難打動他們。這時我會推薦「反覆計」。

根據某個實驗的結果得知，四六％的業務在推銷時會向同一個人推銷兩次、一四％會向同一個人推銷三次、一二％的人推銷四次、四％的人推銷五次，而**推銷五次的業務，其成功率近乎七〇％。我們不妨運用這個實驗結果**，只要**央求五次就好**，吃飯時高喊：「我想換相機！」準備外出時喊：「我想換相機！」看電視看到一半說：「我想換相機！」等，反覆央求。

然後你想要的相機，某天應該就會出現在你面前，雖然這個做法很厚臉皮。

第三，要觸動對方的情緒。

如果你怎麼反覆央求都沒有用，最後一招不如試著刺激對方的情緒。你就抱著收錄有你想買的東西的型錄入睡，對方看到你這副模樣，會產生彷彿「看到孩子吵著要買玩具，最後哭著入睡」的無奈心情，也許隔天你就會收到禮物了。

這三個方法不容易實踐，從打算向對方好好表達，到像孩子一樣吵鬧、反覆說出自己想要的東西，都很傷自尊心，但是如果可以用一句話、一個動作就獲得某樣東西，不是很酷嗎？

不單是在家裡，職場就更不用說了，你必須在公司獲得更好的評價，最好是被認可為有在持續進步。

世上沒有白吃的午餐。你可以在潮間帶挖掘貝類時埋頭苦挖，也可以在潮間帶的洞口撒些鹽巴，等貝類自己爬出來時抓牠，雖然這方法有一點偷吃步，卻是很有效率的方式。同樣道理，你可以記住一些說服的技巧，等到需要時把握時機好好運用，這是提高說話品質的方法。

還有一件事要請各位記住，那就是講話的速度。說服好比是一種給予和回饋的比賽，所以對話中的一方一定會感覺到對方在抵制自己的想法，這時，人通常會產生反抗之心，所以我們不能因為對方氣勢洶洶就著急做出反應，反應太快時對方會開始防禦。

如果你和對方的語速都開始變快，就得察覺當下情況已經不是在說服彼此，而是走向衝突的激烈爭鬥，這時必須調節對話速度。

如果發現自己聽了對方的話打算搶快回覆，尤其是你習慣打斷對方說話也要說完想說的話，就更要放慢速度。**我們要把對方的話聽到最後，如果都聽完了你也能夠不急著馬上回答，這就代表你的說話水準又晉升一級。**

05
報告不想被打槍？你得朝三暮四

大部分的上班族都需要向上級報告，這邊為了方便，將聽取報告的上級稱為「他們」，**我們和他們看待報告的觀點**，就像地球和仙女座星系的其中一顆星星距離一樣遠。這之間**為什麼會有這麼大的距離**？結論講在前頭，**因為我們和他們都是站在自己的立場上採取行動。**

我們在報告時，習慣「從頭歸納」結構，但這是將個別事實導成結論的一種思考方式，舉例來說就如同以下：

事實一：競爭對手A公司市占率超過四〇％。

事實二：競爭對手B公司市占率為三〇％，計畫明年要加開一百間分店。

事實三：競爭對手C公司市占率為二五％，明年計畫要加開三百間分店。

藉由事實一～三得出結論：雖然我們較晚起步，市占率不到一〇％，仍要在短時間內加開分店，並推出其他行銷專案，避免落後其他公司。

以上的報告感覺還算有邏輯，簡潔俐落。但問題是不能照這個順序報告，如果這麼做，大概十之八九會被主管罵到臭頭。為什麼這種事會不斷發生？原因在於主管很忙。我們不可以像寫論文一樣，從頭到尾長篇大論，而是該把對方必須當場檢視的項目以「事實」為重點提出。

與其用歸納論證的方式表達，不如使用演繹論證方式之一的三段論法，最適合上班族使用，三段論法是為了主張某一件事，找尋能夠支持主張的證據，並說明這些內容和自己主張的關係有多密切。

有一個大家可能聽過的知名範例：

大前提：人都會死；小前提：蘇格拉底也是人；結論：所以，蘇格拉底會死。

為了得到「蘇格拉底會死」的結論，這裡舉出兩個前提作為依據，此處「為了得到結論的根據」是重點。換句話說，雖然我已經有了結論，但是為了支持這個論點，我需要幾個根據。我們在職場上經常需要報告，請一定要把這個概念牢記並加以運用。如果能以「他們」的立場下結論，找出他們想知道的根據，方能整理出他們想聽的報告，舉例來說如下：

結論：我們公司起步較晚，市占率未滿一〇％，為了在六個月內至少成長為第三大的公司，不只是加開分店，我們還需要推動其他的行銷專案。
大前提：我們公司和其他競爭對手相比，較不受政策規範限制。
小前提：競爭對手因政府規範，行銷費用有其限制。

站在主管的立場報告，是讓你不容易被打槍的祕訣。你不須改變報告內容，只要**改變一下報告順序，先講重點，聽者就可以快速理解報告的內容，替他爭取多一點下決定的時間。**

你可能想問：「不修改內容只改順序，難道不是自欺欺人？」那這麼說如何？韓國也有一句成語叫「朝三暮四」，意思是：「意指人愚蠢，只看得到眼前的差異，卻不知道結果是一樣的。」（譯按：與臺灣熟知的用法不同）沒錯，在我們腦中，朝三暮四等於愚蠢的人，但真的是這樣嗎？我找了這個成語的出處，也就是古籍《莊子》，裡面是這麼寫的：

「飼養猴子的人餵猴子橡樹果實時，跟牠們說『早上給你們三升，晚上給你們四升』。結果猴子們很生氣，那個人趕緊說『那早上給你們四升，晚上給你們三升』。這麼一說，猴子們都很開心。其實果實的總數量沒變，但是猴子的心情從生氣轉變成開心。」

然後接下來寫了什麼呢？會是「猴子和人有別，這麼愚蠢該怎麼辦」嗎？不，後面是這麼寫的：「我們必須接受其一切。」

這麼說也許有點失禮，但**不妨把聽報告的人當成猴子**；報告者則當成是養猴子的人。根據上級的一套規則，盡你能力不斷提出新提案，並**暫時拋開「你」所認為正確的東西，配合對方的立場提出議案，這就是報告素養的基本原理。**

這麼做可以收穫的好處很多：聽報告的人少了一點負擔，報告的人就比較不會因為被批評而受傷；站在報告者的立場來看，如果可以先表達出自己想說的重點，報告的依據和脈絡就能夠更一目瞭然的呈現出來。

如果報告對你來說很困難、如果你不太會表述想傳遞的訊息，那麼你可以先重新設計你的報告——先說結論。

06 先附和對方，別馬上反駁

以下舉兩名組長為例。金組長的目標非常明確，他很迫切的要做出一番成績，熱情滿溢；朴組長則是游刃有餘，也不會為了什麼事情費盡心思。但是奇怪了，常常被上級罵的並不是朴組長，而是金組長。我了解之後才發現，造成差異的關鍵，在於他們的報告技巧。

金組長的故事

金組長向主管報告時，總會將自己的論點準備周到，他從不害怕和主管起衝突。當他聽到主管說：「事情進行得還算順利，不過好像沒有完全反映出第一線的意見……。」時，他經常會反駁：「這都是透過我們組員實際調查第一線後，得出來的結果。」

當聽報告的人一說「但是」、「可是」的瞬間，金組長的臉是一陣青一陣紅，掩飾不住他生氣的表情。結果可想而知，主管當然是說：「請你重新整理後，再報告一次。」金組長便逃離似的離開，回去責怪無辜的組員。

朴組長的故事

朴組長在向主管報告時，會接受高層的意見。主管一開口，他會在適當的時機點點頭，就算說的內容不重要，也可以看到他（裝作）做筆記。當他聽到：「事情進行得還算順利，不過好像沒有完全反映出第一線的意見……。」時，就算他已經把調查結果寫在報告上了，也會退一步說：「您說的部分我會再多留意，日後跟您報告時一定會反映上去。」

奇怪的是，朴組長的報告總會是「Happy Ending」，連一句「再報告一次！」都不曾聽過，反倒會讓別人跟他說聲：「朴組長辛苦了，明天要不要一起吃頓飯？」回到座位後，他會稱讚負責報告相關內容的組員：「托李代理的福，我今天被理事稱讚了，謝謝！」

職場上就算大家各自做好分內的工作，但比較沒壓力的人就是贏家。別人要報告兩次，你一次就搞定，既能減少心裡受傷的機會，又能照顧到後輩，這豈不是上班族的最高境界嗎？從這個角度考量，如果兩位組長的能力差不多，那朴組長應該就是贏家了。

《出一張嘴就夠了》（*Yes! 50 secrets from the science of persuasion*）的作者羅伯特．喬汀尼（Robert B. Cialdini），曾提出「越相似就越容易被吸引」的法則，並說明「擁有相似價值觀、信念、年紀、性別等個人特性的人們，最有可能跟隨對方的行為」。

舉例來說，假設要寄信給完全不認識的人做問卷調查，其中一組會以與受訪者名字相似的發信人名義寄出，另一組則是用和受訪者名字不像的發信人名義寄出。結果收到和自己名字類似的發信人所投出的問卷之受訪者，他們回答問卷並寄回的比率，幾乎高出和自己名字不像那一組的兩倍。

不同於韓國電視劇《魷魚遊戲》中的角色，將自己與眾不同的差異、優異之處當作存活武器，那只是電視劇，現實的職場和此相反。職場人士真正需要的是「尋找類似性」的遊戲——**上班族的回話DNA始於找出對方和自己的相似之處**。

上級說：「不好！」那你就承認「不好」，並虛心接納；他說：「很好！」你也說「很好」就可以了。如果你能夠找出上級和自己之間的類似性，懂得回答同樣內容而不是反駁，**那你的職場生活應該會輕鬆點**。

如果你在職場上常需要向他人做簡報，試著培養以下三種技巧。

第一，觀察對方，想想這份報告中他們對於哪些地方無法產生共鳴。這可能會需要一點時間，別太急著判斷他們的想法；第二，找出一個和對方的共鳴點並且表達出來。比如「您說的這點沒錯。我會從那個方向著手，尋找解決辦法」。這是一種認同也是接納；第三，找出對方想表達的意圖並且說出來：「您的意思是問題不在競爭對手，要從我們內部能力檢討。我們會再評估，謝謝您的意見。」

如此一來，你懂了回話的藝術，報告再也難不倒你。

07 最令人討厭的新進員工行為：遲到和不打招呼

創立「Market Kurly」線上生鮮購物網站的負責人金瑟雅，在一次演講中表示，她的成功祕訣為：每天解決一個問題；另一位在廣告界被認可的領袖，在被問到「怎麼樣才能成為有創意的人」時，回答：「只要把今天你計畫要做的事情做好就可以了。」

從這些優秀的領袖說的話之中，我領悟到無論是建立關係、處理工作，或是其他任何東西，能夠創造我們未來的並不是一個多厲害的未來計畫，而是我們如何仔細解決今天、當下面臨的小事。

同理，上班族的回話素養也是從枝微末節開始培養。遲到的藉口、上班時間說要去外面抽根菸、說自己早上一上班就去跟同事喝咖啡了，或因為吃東西後很容易想睡，說自己在車上瞇了一下等，我們常常以為這些話隨便說也沒關係，不是很重要。

「沒關係啦！中午吃飯喝一點燒酒混啤酒還好啦！」、「中午吃完飯要不要玩一局撞球？晚一點回公司沒人會說什麼。」、「（上班時間）我牙痛……去看一下牙科喔！」、「（上班時間）我去一下銀行處理貸款問題。」

難道鬆懈成這樣是可以的嗎？「保持工作和生活的平衡」這個詞現在已經被濫用，就算你想保持工作與生活平衡好了，難道上述發言沒有問題嗎？在「公司」享受生活是非常需要注意的。弄不好，我們講出來的話在職場上就不只是單純的幾句話，而是「事故」了。

首當其衝的是考績。**一個當了高階主管很久的前輩建議我：「在關鍵時刻衡量你這個人的價值，並不是工作績效，反倒是出勤狀況決定一切。**」聽到這句話，難道你還覺得上班時不時摸魚也沒什麼大不了的？

以前某家媒體曾以上班族為對象，調查他們對新進員工的想法：「經常遲到和不打招呼」被票選為最令人討厭的新進員工行為；再來是上班時間太常用手機、經常犯錯、只對主管阿諛奉承、經常不在座位上等。

以上一些你覺得不重要的小事，公司卻看得很重要。一名曾在大企業當高階主管，現在則是創立中型企業的某位公司負責人也這麼說：

「有人問我在職場成功的祕訣是什麼，我認為那個訣竅在於『賦予小事意義』。對於微不足道的事情要拚盡全力，如果可以重視小事，那有了這種與眾不同的心態，公司會認為這個人值得信賴，而他會成為勝利組。」

公司知道，前一道製程的小失誤，會造成後面製程的嚴重負面影響。**謹遵不遲到、打招呼這種基本態度是應當的**，就連**言行舉止也要懂得謹慎，當你具備這樣的能力時，公司當然會認為你是值得信賴的人**。

一位在服飾產業打造出實力堅強的中型企業創辦人也說明了類似道理。他說：「在公司，就連去上廁所都要小心。」

「我有一個員工，每次上班就往廁所去，待了幾十分鐘才出來。上班之後的兩個小時是最能集中工作的時間，因此就算（在打卡後上廁所）是長久以來的習慣，也必須想辦法改變。」

分享完這段話，我好像可以聽到你有點不開心的聲音：「但是不管怎麼說，難道去個廁所也不能隨心所欲？」我也想這麼說，但是公司並不是要拿你解決生理需求這件事找麻煩，只是對於你心態上已經完全放鬆，本是該集中心力解決問題的時間，你卻走出辦公室打發時間，或在為了新企劃案奔波忙碌的時刻，和朋友傳訊息閒聊等行為，感到失望罷了。

08 想讓主管聽你的，掌握兩件事

「要怎麼樣才能讓對方聽進我的話呢？」每天早上我都會抹髮蠟，因為我想控制我的外表。「控制我的外表」這個舉動，反映著我了解我的世界正在發生哪些事，並有著打算積極對應的意志。

上班族的說話技巧也是同樣道理，讓聽報告的人可以感受到「所有狀況都在我掌控中」，就是完美報告的祕訣。

你可能會覺得「難道是要我們被某個人控制著，他要我們往東就往東嗎？」並因此反感，但其實這才是好的報告技術。與其強迫對方聽我們講話，不如給對方一種好像他適當掌控我的發言，讓對方有這種快感，好以安撫他們的欲望。

要「讓（聽報告的）他們，感覺彷彿在掌控（報告的）你」，這才是關鍵。

你說你想一次展現各種東西、想給大家看到很厲害的策略，我能理解你的意志和熱情，我也尊重你追求完美的做事風格。但是就算你把世上所有重要的內容都放進簡報中，並整理得簡潔有力、沒有任何問題，如果不給他們「控制」的選擇權，那無論哪種報告，都不會受歡迎。

有種概念叫做「delivery」，通常大家熟知的意思是遞送、轉達，但在顧問領域，有「滿足客戶期待」的意思。這裡的關鍵是期待，然而，要滿足期待並不是靠我們提出的報告內容和格式，而是要配合對方需求。

換句話說，當你花心思注意對方的需求時，才能提升講話的 sense。

不僅在職場，日常生活中也是同樣道理。我經常舉辦以「對話的方法」為主題的演講，除了應企業邀請談上下階級關係、客戶間的溝通法，也會到各國小、國中談親子溝通法，在一般教養座談則分享我對說話口氣、說話時察言觀色等主題的看法。幸好聽眾反應也不差（我希望是這樣）。

總之，我在這些演講中有一個經常談到的共同內容：「**如果想讓對方聽進你的話**」，我跟聽眾這麼說：

「各位都希望對方可以聽進去你講的話吧？那你只要記住兩件事就可以了。**第一，必須能夠引起對方興趣**。如果對方不感興趣，無論你說什麼他也不會聽。**第二，要帶給對方喜悅**。當你的發言讓對方感到不開心，那沒有人會願意好好聽你說話。歸納下來，想讓對方聽進你的話，必須讓對方感興趣又聽起來有趣。」

無論是在職場向別人報告，或是日常生活中和朋友們對話，這兩件事都極為重要。如果你覺得一直以來，某人好像都沒有在聽你說的話，還心想：「為什麼那個人聽不懂我說的話？」希望你可以立刻試試這個祕訣。

尤其是牽扯到工作上的報告，這是職場的一種溝通方式。我們要讓聽報告的人覺得有趣，如果做不到，那不管怎麼樣也要讓對方聽得開心。如果無法帶給聽者喜悅和趣味，那不管是什麼內容，都很難讓人聽下去。

舉個例子。崔代理向他的主管——金組長報告時，都會覺得自己好像走了一回地獄似的。「這也叫報告？連報告的基本都沒做到，我真的是不知道要怎麼給予回饋。」崔代理也算盡了自己的能力了，但每回報告都是這個情況，可說是崩潰場面不斷上演。

不管他怎麼更換簡報的順序，聽取其他前輩的意見，從結論開始講，金組長不開心的表情從來沒有改變。然後有一天他明白了，問題不在報告本身。

崔代理明白了他和主管——金組長，以及前主管——朴組長之間的愛恨情仇，金組長和朴組長是所謂的冤家。崔代理雖然知道這件事情，但並沒有放在心上。金組長每次唸他，他反而會回：「以前朴組長就是叫我這樣做的！」、「以前主管叫我從結論開始講。」總是刺激現在的主管。

故事講到這裡，各位應該都發現崔代理的失誤在於，他不夠有回話的修養，還誤以為是自己的簡報內容有問題，總在不相干的地方尋找解決辦法。但如果是聰明的你，就會當作是給新上任的金組長一點趣味，有時也要懂得說出讓對方開心的話。

「這是我一直以來疏忽的地方，謝謝您告訴我。」

如果用言語表達有困難，那就說一句「好，我知道了」隨之加上肯定的表情、點頭表示贊同的肢體語言吧！肢體語言可以彌補很多言語表達的不足之處。

也許你會說：「一定要做到這個地步嗎？」但是在職場上，有時候不需要那麼誠實。如果可以保護自己、讓自己成長，那適當的拍馬屁是非常有用的技巧。

我不會懷疑你的工作能力、報告是否充實，我只希望你可以多一點野心，懂得運用適當方法獲取上級的認同。這就好比就算是同一款麵包，放在精美包裝裡，看起來就是比裝在紅白塑膠袋裡的好吃，所以我也希望你可以運用適當的手法，包裝你的溝通方式。

09 五字回話護身符：原來是這樣

職場的話術ＤＮＡ裡，**有一種態度必須捨棄，那就是抱持「我本來就是這樣說話的人」的固執想法。**

像職場上的報告流程不應該照你的方式，要配合公司、對方的方式才是標準做法。

如果可以慢慢改善一些說話方式，到最後你一定能夠聽到別人稱讚你「果然報告這個東西還是你最厲害！」、「你總是給人一種，只要跟你說話就會心情很好的感覺。」

為此，我希望你能夠記住三件事。

第一，要賦予對方適當的選擇權。

「根據我的分析，方法Ａ和方法Ｂ都是既穩定又有效率的工具，怎麼樣做比較好呢？」

因為這是二選一的方案，如果還是給人選擇範圍不夠大的感覺，那不妨再增加選項。

「我有Ａ、Ｂ、Ｃ三個方案，請您給我一點意見。」

但是無條件增加選項，也可能讓聽者受不了，所以必須小心。比如你說：「我把這次找到的行銷方案都整理出來了，大約有十八種。」這就不太好了。

第二，必須提出正面的方向。

丟出「不能這麼做」、「這種情況下是有問題的」這幾句話然後結束嗎？這種回話，不是提出解決對策，反而是直接宣告「不可能」，不僅令人感覺消極，從另一個角度來看太狂妄。

報告時，以現況或是事實為主固然重要，但應同時表達出自己的意見。「如果這麼做，我認為是可行的」這樣回話相對適當。就像你與其跟小學生們說：「不要吵！」改說：「可以安靜一點嗎？」更可以將班上氣氛導向安靜的自主學習環境。

第三，別吝於說：「原來是這樣！」

職場上，我們必須和自己不一樣的人對話，如果期待自己的想法可以完全進到對方的心裡，就太不切實際了。所以對方對你的話產生負面反應是很自然的事，至於當下怎麼應對，就決定了你回話的水準。趕快忘掉「不是這樣的」、「您好像弄錯了」、「但是」等字眼，否定的語言會讓對方採取防禦機制，你可以改成這麼說：

「聽了您這句話，讓我想到一個好點子。」

「是啊，站在組織的立場確實有可能這樣，我沒能考慮到。」

等對方嘴角出現一抹微笑之後，再說出你想說的話絕對不遲：「但是呢，這樣的想法應該也是可行的。」

試著不管如何先做出「原來是這樣」的反應吧！你會發現世界突然變得很美好，不，是職場生活很美好。如此一來，在職場上因為溝通問題而受傷的機率也會減半。只要是從屬於組織下、領人薪水的人，就必須習得適當的說話素養並懂得隨時運用它。

10 最厲害的表達法：適當否定的肯定

什麼是更美好的社會呢？就是社會上有越來越多人不僅固守自己的想法、也會花心思理解他人。任何經由各自經驗產生的思維模式，都應該被接受。但是，讓對方知道自己想法的方式卻要慎重再三。

我們身為上班族，看待組織的方式也各有不同，過度展現自己的想法會成為毒藥。你可能很想大方公開，但至少在工作場合，不能忽視組織以及主管的意識形態。

韓國企業最高層經營團隊的運作模式，包含哪些東西？接下來是我從輔佐韓國最頂尖公司的高層經營團隊中，其中一位高階主管那聽來的故事。他認為的最高經營團隊特徵，可以用一句「3-Fast」概括，意思是有三件事要很快。

第一，說話很快。他觀察下來，團隊中沒有說話慢的人；第二，走路很快。就連將近五十歲的他，要跟上年過六十歲的團隊成員腳步，還會氣喘吁吁；最後一項是什麼呢？是吃飯速度快。

然後她的結論就是：「如果**想在職場上獲得一丁點的認同，首先要裝快。**」職場上的對話基礎需要配合任職公司的風向，顯露自己的主張可不是加分的舉動。前面我們介紹過「快」是韓國企業的核心，這回我要介紹一個可能有點讓人意外的方法——就是「適當的否定」。

如果你誤解了正面表達和心態的意思，很容易以為「不管三七二十一，只要表現的正面就是了」。比如你可能會以為「目標銷售額，必須達成！」、「市占第一，使命必達！」這類的積極、正面態度是必要的。但是仔細想想，**職場其實不靠「無條件的肯定」運作，靠的是「適當否定的肯定」**。

為什麼？人類有一種心理叫「損失規避」（loss aversion），也就是無論如何都想避免損失的可能性。比起挑戰新事物所獲得的喜悅，當事情進行得不順利時所感受到的痛苦，會比喜悅的強度來的高。這就是為什麼比起花錢買股票，人類更難以做到認賠殺出。

公司運作也是同樣道理，全世界的優秀領袖，幾乎都討厭失敗，如果可以運用這點，對訓練說話的藝術將會很有幫助。我們先讀讀以下兩個句子吧！

①我們將會使用新的行銷手法達成高績效。

②如果不用新的行銷手法，我們會流失客戶。

依循本書介紹的表達方式，在①跟②之間該選擇哪個？如果把注意力放在「正面」，就會選擇①。但實際上和公司領袖進行訪談後得到的結論，據說②這類的話會更有說服力。**比起「一定會成功」這樣茫然的自信，韓國的公司更偏好「謹慎的迫切」**。

更深究一點，其實選擇說出②這樣的句子比①更有利。因為順利的話，既可以促使對方考慮，又可以保護自己不被責備，是很不錯的回話語句。

有一回，我看到三星集團針對兩千名員工做的一份問卷調查結果。那份調查的主題為「組織成員的危機意識」，在問到「為什麼三星必須有危機意識？」的題目時，四四．五%的員工回答「因市場變化難以預測」、一七．五%的員工回答「因為世界第一等的企業，本來就是個飽受威脅的位置」。由此看來，三星集團的員工有一半以上，對於市場變化抱持危機意識，如果連韓國最大規模的企業都如此了，那其他公司對於市場和環境變化該有多恐懼？

我們身為公司一員，最好也能徹底感受到公司的不安和危機意識，表達出願意一起解決、努力的心意。適時說出情況不妙也是一種 sense。

11 遇上大老闆，你只有一百二十秒的表現時間

有個詞叫「電梯演講」，指的是「從進電梯到出去的六十秒內，要說服對方的話術」。據說這個字起源於好萊塢的電影導演，拿到了劇本後，為了製作耗費數十億臺幣的電影，他們需要投資者，但是有錢的人大部分沒什麼時間。所以如果偶然在電梯裡遇到投資者，如何在一分鐘內，說出自己的劇本有多棒，是最重要的。在短時間內好好呈現關鍵內容，就成了所謂的電梯演講。

美國太空總署（NASA）是美國聯邦政府中，員工滿意度最高的機關。NASA也套用此概念，導入「兩分鐘電梯演講」制度，獲得不錯的成效。

這是一種訓練，讓你可以在兩分鐘內，向在電梯裡偶然遇到的人，精準說明自己負責的工作及公司的目標、願景。

NASA表示：「這麼做是為了讓員工能夠確實認知到組織的願景和未來，好讓員工能有自己也是主人的意識，全力投入於工作之中。」（出處：「NASA的兩分鐘電梯演講訓練，提升員工的主人思維」，《韓國經濟》二〇一六年十一月三日。）

電梯演講可以協助對方盡快做出決定，因此報告得蘊含關鍵內容、簡潔明瞭。這裡的關鍵指的是「只說必要的話」，注意，不是說「你要說的話」，「只說必要的話」和「你要說的話」有很大的差別。當你一定要把「想說的話」表達出來，或覺得要把「想說的話」放在報告裡，這個報告就會變得四不像了。

為了學會電梯演講，我們只要記得三件事：第一，你要時常準備好，當有人問「你的工作是什麼？」時，要可以馬上回答出來。最好平常就把自己的工作內容，整理在可以於一百二十秒內說明。

第二，當人家問你「那有沒有我可以協助的？」時，你要能夠說出不足、需要幫忙的部分。了解自己缺乏的資源為何，相當重要。

第三，如果對方問你「順利的話會怎麼樣？」時，如果你能夠說明成果就更好了。如果可以把這三件事放在心上再發言，應該會是這樣的感覺：

①「我正在分析常務交代的客戶性格類型。」

②「因為有行銷部的協助，分析已經做完了，不過可能會因為開發部門的行程關係有一點延遲。麻煩您幫忙打個電話催促一下。」

③「完成這個專案之後，我們就有可能做出有別於競爭對手的行銷操作策略。客服中心也很期待透過此專案能提高客戶應對的效率。對客戶來說，這樣做也可以讓他們感覺比較貼心、舒適。」

講完這些內容不超過NASA建議的「一百二十秒」。對了，因為你、我都不住在美國，如果是身處亞洲的我們，還可以加上以下這句話：

「這都是托常務您關照我們，以後還要請您多多幫忙了，謝謝。」

第4章

不須從頭培養，急救你的商業寫作

01 交報告時，記得帶杯咖啡給主管

有沒有寫作sense從報告書就能看出來。不是名叫「報告書」的才是報告，包含草案、申請文書、e-mail等皆是。我們藉由文字報告和他人交流，所以必須記得兩件事——如果想寫好報告，就必須以交流的前提寫作。

當我被問到要如何寫好報告時，我會建議「執著於報告格式和內容前，先掌握和報告有關的訊息」。此建議看起來很艱澀，其實沒什麼，我想說的是，事前要做好準備，好讓收到報告的人在閱讀文件時不會感到吃力。在抱怨報告讓你感到壓力很大以前，先檢視自己和聽報告的人關係維持得好不好，是否經常接觸。

舉例來說，如果上面的人跟你說：「啊，對了，上次你提到A公司的競標報告書何時可以給我？」那麼代表報告書已經完蛋了。要是他還用「最近很忙？要見你一面還真難！對了，報告應該沒忘記吧？」之類氣噗噗的語氣說話，就表示你的報告品質要是沒有優秀到無懈可擊，想獲得好評價的機會已經減了大半。

報告就像一場戰爭。你要下定決心，「在正式報告之前，無論如何一定會堅持先去接觸那些人」。報告本身呢，可以像現在一樣做得「差不多」就好，但是在準備報告時要去接觸上級、跟報告相關的利害關係人，如此一來，你才是公司想要的有寫作能力的人才。

在你去找主管之前，我有一個可以推薦給各位的準備方法。羅伯特畢生研究「說服的學問」，他在著作《出一張嘴就夠了》中這麼說：「**我們可以帶杯咖啡或飲料給對方，再開始說服**，如此一來，聽者將會對說者要傳達的訊息給出善意反應。」一杯飲料居然可以成為說服的強力武器！

此處不必執著於「一杯咖啡」，因應場所、時間的變化，可替換成其他飲料。我懂，年輕人都不想和老一輩的人相處，但我希望你可以反過來利用這件事。我指的是，這對你而言是個機會。當同事都躲起來，不願意先過去報告時，你先往前邁一步去做簡報，好好聽上級的回饋後再撰寫報告書。

我的後輩中有一個不怕寫報告的人，他的職場生活看起來過得頗輕鬆。比如向上級報告通常是職場生活中最為艱難的事情，他雖然會說寫報告「很煩」，但從不說「很難」。他的祕訣究竟是什麼？對了，他非常不喜歡看書。但是我這麼努力看書，也不懂運用羅伯特教授的說服技巧，他卻已經再熟捻不過。

帶著報告去找上級時，怎麼樣才能不害怕呢？我就親眼目睹了他的方法，他並沒有直接走進高階主管的辦公室，而是提著兩杯冰涼的冰美式並輕叩辦公室的門，聽見「請進」之後，這才小心推開門。接下來他說的話，我聽得清清楚楚：

「經理，這個不是公司咖啡廳賣的咖啡，是我去外面新開的咖啡廳買回來的，聽說那家咖啡很好喝。」

曾經高喊上班族該有的寫作sense，就是「報告的格式和內容必須結構完整，有條有理，簡潔俐落」的我，當下立刻感到羞愧無比。

02 問自己六道問題後再寫

「5W1H」是報告的基礎。其實，報告的品質水準取決於聽報告的人，而**他們腦中都已經刻有5W1H的公式**。如果未來你當了領導者，認為以5W1H為主的報告沒有意義，那到時候再捨棄也可以。像是說「報告時只需要1H！」或「5個W太多了，減少一點，3個就好」，反正是領袖說了算。

但是我們現在還處在寫報告的等級，所以先配合主管「現在」的思考方式，減少報告負擔是我們的目標。雖然大家可能都很清楚5W1H的內容了，此處還是為了不熟悉的讀者再整理一次。

①何時（when）發生的事，表示時間。

②何地（where）發生的事，表示場所。

③誰（who）是主角，表示主體。

④主體想要何種（what）東西，表示欲達成的目標。

⑤為何（why）要達成這個目標，表示原因。

⑥如何（how）達成目標，表示方法。

如果你經常被說：「寫報告的人，怎麼連這麼基本的事都不會！」那麼不妨檢視一下，你是否漏了5W1H中哪個部分。其實無論是哪種報告，只要好好運用5W1H，幾乎就不會犯大錯。所以如果你可以像以下敘述一樣邊問自己邊撰寫，我想至少寫作素養這一塊的評價一定不錯。

①時（when）→何時發生的事？現在進行狀況如何？何時該結束？

②地（where）→相關場所是哪裡？相關部門有哪幾個？

③誰（who）→是誰主導？誰負責支援主導人？

④何種（what）→透過這個項目要達成何種成果？過去做不到，但現在可以做到的有什麼？未來可以做什麼？

⑤為何（why）→以前為什麼出問題？現在問題又在哪？

⑥如何（how）→該如何做？

韓國新世界集團的副會長鄭溶鎮也以強調「5W1H」聞名，無論在公司或日常生活皆是。他在二〇一九年年初去了法國後，在Instagram上傳自己的近況，其中一篇貼文引起眾人注意。那是一張造訪「米其林三星級」餐廳的照片，照片中有一張便條紙，寫著該間餐廳名字，中間有一個四方形，周圍寫著「5W1H」。

那篇貼文下面的文字寫著：「忘了最基本的事，謝謝〇〇〇大哥教會我。」身為一個集團的最高經營者，他說忘了的「基本」會是什麼？從貼文的照片來看，我想應該是5W1H。假設今天我們是新世界集團的一員，如果寫報告時，不把這個公式放進去會怎麼樣？要記得，連一間集團的大老闆都強調

5W1H是「基本」了。其實何止集團的老闆，以寫作維生的人也認為這是寫作的基本功。

近年來很多人看不起記者，在韓國甚至有人稱他們為「垃圾記者」，我想也許是因為一般人民對於記者應扮演的角色有很高的期待，才會如此失望到罵得如此難聽吧？記者處理文字的能力比起任何行業，算是精準的程度。

然而就連他們都認為5W1H很重要。以下是一間報社記者的報導：

5W1H可以套用在所有需要向他人報告的場合。剛進公司不久的員工想和主管報告事情時，只要配合此原則，很有機會被主管讚賞。（省略）有時看學生們寫的文章，我常常想要教他們5W1H原則。

有學生在自我介紹中寫道：「我在國中二年級時，參加全國學生發明大會，獲得了第二名。」要是可以把參考此法則，改寫為「我在國中二年級，也就是二〇〇六年九月十五日參加韓國發明協會主辦的第十七屆全國學生發明大會，以『省水水龍頭』獲得了第二名」，你覺得怎麼樣？

（出處：金英煥，「試著學新聞，寫作時遵守六何法吧！」，《朝鮮日報》，二〇一三年十二月二十四日。）

記者們對「5W1H」的熱愛不僅止於此。有很多記者會在自己的郵件帳號使用5W1H，比如「moon5w1h」或「5w1h」。記者的英文是「reporter」，可以說他們就是以寫報告（report）維生的一群人。**全世界對文字這麼有自信的一群人如此重視5W1H，不就是因為他們最明白這就是寫作的基礎嗎？**

如果我們可以學習、善加利用並內化成我們自己的東西就太好了。若周圍同事中沒有值得你效法的人，那不妨將靠寫作維生的記者文章當作仿效的對象。

03 報告是寫給要讀報告的人看的

「你在寫要報告給副社長的事前報告，也就是你如何準備要上呈給社長的報告之前，先看過我之前交出去的這份報告書，並整理一下後再去報告。」這段話繞來繞去的，讓人不知道該如何回應。如果你認為這應該是體系不嚴謹的小公司才有這樣的狀況，我覺得並不然。

其實，這是一篇發在網路討論區的匿名文章，而作者是在韓國最厲害的公家機關上班的員工，這是他參雜自嘲的一段感嘆話語。

然而只有本土公司這樣嗎？我也聽過另一個在外商工作一段時間的上班族說：「上級要我把報告寫得簡單易懂，結果寫著寫著連我們家八歲的兒子都聽懂了。」真不知道他是炫耀還是感嘆自己的處境。

寫一份報告要花一、兩天，這樣的組織文化難道沒辦法改善嗎？你與其只是坐在那邊，期待總有一天組織文化會有所改善，或報告型態可以改變，不如好好想一下怎麼樣才能讓自己不被找麻煩。這對你來說，是可以幫助你在職場上過得平順的一件好事。

我們來談報告的本質為何吧！光把「決定報告書水準的人並不是我，而是讀報告的人」這件事放在第一順位，就能減少很多因為報告而產生問題的機率，至少你不會因為此受委屈。

報告的型態又該如何著手呢？如何避免報告帶來的壓力？只要記得以下三個關鍵字。

第一，避開假內容。

讀報告的人最討厭的其中一點是「假報告」。雖然找出解決問題的方法、可以取得成效的創意工具很重要，但**報告裡頭不可以有虛假內容，這非常重要**。

驗證資料正確與否，是撰寫報告書的人該做的事，把區分真假的任務都推給讀報告的人，不是該有的態度。

第二，多為對方著想。

用你的習慣寫報告是大錯特錯。對方讀了之後，如果不能理解，那完全是寫報告的人的錯。另外，把你自己也不懂的用語寫在報告裡更是一個大忌，假設你想用英文縮寫，至少要弄懂縮寫的意義再寫進去。

十幾年前，我還在當課長時，有天接到高階主管的電話。他要我去說明當時任職公司的服務項目之一，那時我算對該項服務很了解也因此接了很多大訂單，大家都認為我是那個項目的專家，才被叫去說明。

後來，我利用主管辦公室的白板向他說明結構圖，並「大肆誇耀」自己的知識有多淵博，那位主管卻問我：「金課長，『CDN』是什麼的縮寫？」

我頓時啞口無言：「那個……『C』是Contents的縮寫，『D』是……。」

正當我還沒能馬上答出來，不知如何是好時，主管說：

「放輕鬆，沒關係的。不過以後要是口頭簡報或要寫報告時，你**不可以直接用你不懂的用語**。只有你確實**清楚意義才有用，如果不是很懂，寫報告時記得加上括號，把全名補上去**。」

我那時感到真羞愧。我本想讓自己看起來很厲害，用了一堆英文縮寫，反而出糗。真氣自己為什麼要這樣寫。

第三，邏輯。

如果努力遵守前面兩點來撰寫，那自然邏輯就會清楚。因為內容都正確又簡單明瞭，自然不可能會出現邏輯跳躍的情況。不過我還想補充一點，**當寫完報告後被問到「這是哪裡找的資料」時，別說「這個從網路上找來的」**。因為看起來很沒料。

寫報告時從網路上撈資料很正常，但網路上有很多出處不明的資料，所以我希望你可以參考出處明確的資料，或者花一點努力去驗證資料後，再這麼回答：

「雖然是從網路搜尋來的資料，不過我已經拿那些資料去問相關人士，確認內容為事實。」

這時機智的回話可以讓你的寫作sense有別於他人、展現你的優勢，讓你更加出色。

04 與其寫一百個不行的理由，不如給一個可以的方法

所謂的「hashtag」，就是在特定關鍵字前加上「#」符號，好讓關鍵字能輕鬆被識別。我在社群網路上經常使用這些標籤：

#美食 #棒球 #書 #讀書會 #人文古典 #esg #人權

光看這些標籤，應該可以推測得出來我是什麼樣的人。如同此概念，一個人的名字前面跟著哪些關鍵字也很重要。此外，如果在職場上經常要寫文章，那你一定會很想知道，他人在看報告時，會想到哪些「關鍵字」（代表他在看報告時重視什麼），只要能夠好好了解，在職場上不管是寫報告或其他文件，都能夠提

升寫作的水準。

我們雖然不能單純把所有看報告的人視為一體，但仍有一些共同的地方，可以將他們串在一起：

#不想看報告 #煩死了 #耐心到極限了 #國字都不會寫嗎？ #為何要用報告整我

第一個標籤居然是「不想看報告」，各位不覺得很意外嗎？但這是真的，你我周圍就有這種真實案例。我確實聽過一個負責某大企業組織文化諮商的人分享，著實嚇我一跳。

他說：「你知道韓國企業的高階主管，在一天的行程中，哪個令他們覺得最難受嗎？就是聽底下員工報告。」其實，光是要聽一個跟自己想法不同的人報告就很令人頭痛了，接下來還得下決定，而以後還必須為那個決定負責任，所以非常難受。

現在你大概也明白為什麼有「#不想看報告」了。沒錯，大部分的主管之所以會總是臉色鐵青的聽簡報，是因為他們必須在短時間內做出選擇，然後還得替這個決定背負責任，當然有壓力；一整天要聽無數個報告、每個報告各有不同的風格、每回聽報告還得重新適應，當然有困難。

換句話說，各位要記得，聽報告的人心裡就是會想著：「聽報告很累！」如果你抱持「我很努力準備報告了，主管應該會寬容大量，好好聽到最後」的想法，那不叫正當期待，而是「盲目的錯覺」。倘若你考量到他們的處境，就要注意一些部分。

所謂的報告不能只列出問題點，主管已經有夠多事情要煩惱了，你還來煩他，塞一份滿是待解決事項的報告給他，組織裡沒幾個領袖會喜歡這樣的員工。

回想一下，組織裡，職涯一帆風順的人當中，幾乎沒有悲觀主義者。用比較口語的方式來說，就是**在公司裡「混得好的人」大部分都是樂觀主義者**。很羞愧的，我只有滿腹的不滿和抱怨，我不談解決問題的對策、不管問題本身，只有滿腔憤怒，這就是所謂的悲觀主義者。

然後呢？我沒能獲得認可，實在沒臉辯解。到這邊就算了，我可以硬說是每個人性格不同，但就連報告等文書，我也只會揪出他人的問題點，告訴大家議案不可行。

提出問題並且叮囑組織必須盡快解決問題相當重要，但那是聽報告的人該做的事。你只要展現積極、正面努力解決自己業務上的問題的模樣，不，只要把解決方法好好寫進報告裡就可以了。

如果有想要補充的部分，就以「建議事項」處理，這是上班族的寫作 sense。以前我的一位高階主管也經常告訴我，絕對不要放棄樂觀思考。

舉出一百個不可能的理由很簡單，但上級想要聽的是「一個可行的理由」。就算有眾多不可能，總會有人做出成果，而公司就是想要找那個人。

我們要把「我會這樣試著解決看看」的意志展現在報告裡，如果報告充滿「這個因為這樣不行，那個因為那樣不行」，沒人會喜歡這種員工。

你是一個「讓人想培養的人才」還是「爛梨子」，取決於你的內容有多少樂觀成分。記得別迷失在尋找不可能的理由中，要問問自己真的沒有辦法可行了嗎？倘若有一點可能性，就把它寫進報告中，這樣的人才是組織想要的，有寫作sense的人才。

05 重要數字背不起來？就寫在紙上備用

那是我踏入職場已經五、六年的事了。有天，組長問我當月的銷售業績，我回答：「大概四億韓元吧？」結果組長很不開心。「一個業務連自己的業績都搞不清楚，像話嗎？」當時我心想：「當然可能不清楚啊！」心裡對組長那句話感到很反感。

我現在則是對當時那不懂事的想法感到很羞愧。只要是組織的一分子，掌握數字的能力也是一種素養，報告也是同樣道理，因此你得銘記，**數字是報告中最重要的，掌握得好才算是具備基本的寫作能力。**

十幾年前，我向當時是公司業務單位的最高層主管——副社長做簡報時，他連看都不看一眼，我那又厚又精美的幾十頁簡報資料，他只看了附件——有著

「滿滿數字」的 Excel 資料。報告結束時，他要我以後別準備沒用的文書資料，只要拿數據過來就好。

那時他看著幾百、幾千個數字這麼說：「當下看到這些數據是有點令人擔心，不過照整體走向看來，要達成目標應該是沒有問題。」頓時我感覺到，他光看數字就能揪出組織的整體問題，這樣的能力著實令人佩服。

藉由此例子，我們可以得知越是在職場受人認可的人，對數字越敏銳。但仔細想想，這不是很理所當然的嗎？不僅在職場，在日常生活中一定也是如此。比如我們在超市問店員：「這個多少錢？」店員回答：「滿貴的。」你會有什麼樣的感覺？

只要是寫報告，先別管其他的，至少得完美掌握數據。

我一直忽略數字的重要性，就算被人逼問數據也只是搔搔頭，回答：「是多少來著？」然後用尷尬的笑容試圖帶過話題，但這絕對不是可以輕鬆帶過的事。

不管你任職於行銷部、會計部、業務部，或開發部，至少要顧好自己分內的數據。比如你是業務的話，就要經常把客戶滿意度、客戶淨增走勢、當月銷售額等放在心上。

可惜的是，我在當上組長後才領悟到，數字足以左右職場語言和報告。說真的，擔任一般職員時不懂，當上組長後卻看得最清楚的其中一項，就是我的團隊的數字——業績。

看到對數字毫無感覺，報告裡面還寫錯數據的員工，讓我不知道該說什麼，令我感到很生氣。更誇張的是，當他們說「應該會不夠兩億韓元左右」、「差不多會有一千萬韓元的差距」時，我會替他們感到可惜，所以我在提醒部屬要重視數字時，也把話說得很重（在此反省，沒能對把「差不多」放在嘴邊的組員「差不多」念念就好）。

如果想給人更好的印象，你應該提升自己對數字的敏銳度。必須熟知相關的數值為何（比如銷售目標額等），目前變化情況如何並且要隨時（可以的話以每天為單位）確認。假如重要的數字該背卻背不起來，不妨直接寫在紙上備用。

我想談談一件超過十年又很可恥的老故事。在我上任組長不久，有一次和高階主管開會，在場大約有四十到五十位左右的管理者，每一組的組長要輪流談自己的新年抱負，而我當時是第一組的組長，因此第一個開頭。我是這麼說的：

「大家好，我是新任組長金範俊。雖然還有很多不足之處，我會努力不造成其他人的負擔。請多指教，謝謝。」

我分享完之後，其他與會者平淡的鼓掌。接下來換第二組的組長上前，深吸一口氣後，他這麼說：

「大家好，我是第二組的組長○○○，今年我打算只盯緊三個數字，就是八八八、三百、五百。八百八十八億是我們所有人的數字；三百億是我和我們組要負責的數字；五百億則是今年年尾達成目標時，我們組會拿到的獎金數字。我要和數字同生共死！」

聽完他這番話，全體熱烈鼓掌，這是很當然的結果。能夠在一、兩分鐘內用三個數字完全掌握氛圍，確實配得上這些掌聲。世界上就是有這麼多懂得運用數字的人。我卻是回答：「數值錯了嗎？啊，我弄錯了。真是的！」然後搔搔頭的那種人。

一位任職於營運企劃部門的公司同期這麼跟我說：

「**不輕視數字的人是明白自己位置、了解目標和差距，並在和他人產生差距時，懂得思考克服方法的人**，最終，他們就是懂得克服那個差距的人。」

06 照抄部門裡最擅長寫報告的人

我有一個在教育諮商公司工作的朋友說：「我呈上去的每份報告都被打回票，壓力超級大。」還說有一句話他很討厭聽到──「這是你的極限了嗎？」

我只是附和他說：「一定很煩。」接著他又繼續問我怎麼用Excel的函數、要怎麼插入資訊圖表、動畫效果等，問了這麼多，他想問我的真正核心內容是「該如何做出更精美的報告」。

假設你因為想要做出精美的報告，而買了一本Power Point的教戰手冊，我猜你大約是被書裡的一百、兩百個範例給沖昏頭，並不是因為看了書的內容而購買的吧？然後你立刻把那個範例下載到自己的筆電裡，在寫報告時用上。

於是，你的簡報整體顏色繽紛、排版也很棒……所以呢？成功了嗎？我想你應該不會聽到「這是藝術作品吧！」的稱讚，只會得到「一塊紅一塊綠，太亂了，誰叫你這樣做報告」的反應吧？

報告的重點並不在配色或風格設計。根本不需要創作藝術作品所需的創意、也不用自責：「我是不是太沒有美感了？」如果**想做出一份好的報告，只要把這一句話記牢：**

「照抄部門裡擅長寫報告的人的報告，就可以了。」

這是我剛踏入職場不久，一位新創事業部非常厲害的高階主管跟我說的祕訣，這就是正確答案。你問我這樣會被說是「抄襲」嗎？絕對不會，你又不是在寫小說或詩。寫一份主管容易看懂又實用的報告就是我們的任務，你可千萬別放著簡單的方法不用，淨做奇怪的事情，然後每回做簡報都被罵得狗血淋頭。

上班族的寫作 sense 就是抄出來的，想要被認可為報告達人，最簡單又快速的方法就是拿一份好的報告照抄。如果不明白這個道理，只是一味抱持要自己創作的熱情就大錯特錯了。當你放一堆很炫麗的圖片、沒頭沒腦的寫落落長的句子、投影片充斥著閃亮亮的特效，你的報告就完蛋了。好好「複製貼上」優良報告範本，才是正解。

有一回我在上班族的網路討論區，看到一篇針對抱怨寫報告很有壓力的文章，所給予的留言：

「請先去了解寫得好的報告長什麼樣子，如果不知道就去問上級何謂寫得好的報告，並回去研究。記住那個格式後，就試著想看看聽報告的人要的是什麼、要如何寫得井然有序，之後就會知道報告該怎麼寫了。做著做著，很快就會被大家認可，傳到大家耳裡，你將會聽到別人說：『你的報告真的寫得很棒！』」

所以，你手上至少要有幾份組長或高階主管的報告，只要好好參考，從今以後，你的報告將會獲得和之前不同的待遇。對了，公司越大，**向老闆報告時越要使用公司的標準格式，這等於是公司的鐵律**。請記得，那是比 Power Point 教戰書重要幾百萬倍的資料，只要能拿到手，你等於已經晉升為「報告之神」。

抄襲已經被認證過的報告，就是培養寫作DNA最簡單也最快的方式。若是能夠善加運用上級認證為「優秀」的報告範本，就算和上級的共通點再少，他都會因此誇讚你，這是人之常情，還需要多說嗎？抄吧！

07 壞事要馬上通報，好事、急事則傳訊息

假設你很會寫報告，但不是寫得好就結束，我不曉得各位知不知道，就算是費盡心力寫出來，如果聽者認為這不是報告而是單方面「通報」，就會變成寫不好的報告了。

舉個例子，你辛苦了幾天，終於寫好組長交代的企劃案，你在郵件收件人欄位填上他的帳號之後，按下傳送鍵。鬆了一口氣的你找隔壁同事去喝杯咖啡。

接近傍晚時，組長叫你過去。

「金代理，幾天前我叫你寫的那個企劃案，你還沒做完嗎？」

「那個……我剛剛已經寄過去了，你沒看到嗎？好奇怪喔？麻煩你再確認收

件匣。」

聽到這番話組長的表情會如何？如果你是組長，會說「啊，你寄了嗎？我收件匣裡太多信了，所以沒看到。我現在找找看，不好意思啊！哈哈哈」嗎？

寫報告還有最後一個步驟，就是在按下郵件傳送鍵後，要執行下列五個階段。

第一階段：起身（發信後從座位起來）。

第二階段：走過去（朝坐在距離自己三步的組長走去）。

第三階段：看對方（出聲等對方轉頭過來後，看著對方眼睛）。

第四階段：問對方（問：「可以說句話嗎？」）。

第五階段：告訴對方（說：「組長，你交代的報告我已經寄過去了，麻煩你有空看看」）。

接下來無論你要去咖啡廳還是去洗手間，或是摸個魚都隨便你，這我可以接受（如果我是組長的話）。

我在進行職場溝通講座時，如果問聽眾：「有哪些方法可以聰明的進行溝通？」大部分的人會回答「利用 e-mail」、「用社群聊天軟體」。大家認為使用文字訊息的溝通法，就是聰明的溝通方式。我想針對這個部分提出異議。

在職場上，所謂的聰明溝通，重點應該放在「為了達成自己想要的結果，要適當的運用溝通工具」上。簡訊、聊天軟體、公司內部軟體、e-mail……看到這裡不覺得少了什麼嗎？是的，我認為現在職場上的溝通問題，就是少了人的聲音。

我們主要以 e-mail 或簡訊、社群軟體等工具溝通，久了甚至會覺得口頭溝通很彆扭。如果想要好好使用這種方法，就得明白單靠文字訊息溝通的態度是有問題的。

請別忘了應該在公司使用，也是**組織最佳溝通工具的，就是「親自用說的告訴公司主管、同事，或底下員工」**。

接下來是一位在中型全方位技術公司當業務的友人故事，這是他親眼目睹的。隔壁組的業務客戶開會，時間一下子就過了，開完會回辦公室也差不多要下班了，但是不回公司好像也有點尷尬。於是，他在下班前十分鐘，傳了這樣的訊息給他的主管：

組長，我跟客戶開完會了，因為時間有點尷尬，我就在客戶這邊直接下班回家了。

收到這個訊息的組長會有什麼反應？「搞什麼……他以為我是他朋友嗎？」如果你有待過業務部的經驗，應該會懂這類的狀況很正常。既然很正常，那到底有什麼問題？那就是這名友人不是口頭告知，而僅止動動手指傳個簡訊向主管通報。

「聲音溝通的時代已經過去，現在是文字溝通的時代」，我們經常這樣想。現實生活中，幾乎一般的事情都會用文字訊息傳遞，打電話反而變得陌生。大部分公司也都建立手機適用的文字溝通系統，包含公司內部教育訓練、工作，通通都可以用文字處理。因此你可能會反問，在一般情況下和主管用文字溝通有這麼糟糕嗎？主管們也這樣想嗎？

答案是：公司不會將「傳文字訊息」這件事，聯想到你是否具備寫作DNA，正因如此，我們反而要格外小心。

舉例來說，星期一的早晨，你因為昨晚看電視看到很晚所以睡過頭了，雖然急急忙忙出門，卻偏偏錯過眼前的公車，再看看時間，要遲到了。

於是你拿出手機，找到組長名字，發送訊息：

組長好，早上路上有點塞車，我會晚點進公司。

你傳完訊息之後才鬆一口氣。不過先等等，我要問你，你覺得可以鬆一口氣嗎？不是的話，又該怎麼辦？應該這麼做：

「組長好，早上路上有點塞車，我會晚點進公司。」

嗯，奇怪了，這不是一樣的話嗎？不一樣，差別在於這是親自打電話告知對方。當我們親自致電對方，對於對方而言，這就不是通報而是報告。請一定要記住，簡訊或通訊軟體的訊息都只是單方面的通報。

前面已經談到文字訊息在職場上會造成問題，那你一定會有個疑問——「啊？那現在是叫我都不要在公司傳訊息或簡訊嗎？」不是的，而是要好好運用。如果可以好好運用簡訊或訊息，反倒能讓自己在公司的定位變得更明確。我希望你記住這一句話就好：「**不好的事情用聲音，好事情用文字。**」

這是什麼意思？人們通常喜歡用簡訊、便條、e-mail 等方式被稱讚。我希望各位知道，其實越是領袖、越是上級主管，他們就越渴望收到稱讚和認可的文字。因為他們沒什麼歡笑可言，成天飽受高度壓力折磨，而越是這樣的高官，越可能因為一個微不足道的開心事而感動。如果你可以先傳訊息表達自己的感謝之意，他們反而會很感謝你。

但是我們經常反過來做，應該在表達快樂、開心的事情時派上用場的寫作 sense，卻用在需要辯解或逃避的情況——令人感到不舒服的事情經常用文字傳達，快樂開心的事情卻想用「有聲音的話語」表達。錯了，**公司只希望大家在艱難緊急的情況下對話；開心的事情，就讓它可以長長久久被記得，留下證據吧！**

一直以來，你是否也錯用了這兩種方式？我再強調一次，文字訊息該用在傳遞開心的事情。

「部長，我成功了。上週您和我一同拜訪客戶幫了我一個大忙。」

「理事，恭喜令郎錄取英才教育院！我女兒也很想考上！」

「我拿到優秀員工獎金了，都是托組長的福。明天中午您有時間嗎？我要請您吃頓飯！」

讓我在寫作 sense 裡追加一條：**處於緊急的情況也需要積極運用文字**。假設你現在在一家大規模專案的招標現場，你當然沒時間打電話給主管，也不太可能大聲跟他報告情況，這時，我們要好好運用文字，每小時傳以下訊息給主管：

組長，現在來招標的競爭對手有三家，和客戶方高階主管很熟捻的打招呼的是A公司，除此之外沒有特別狀況。／上午10：50

對方一直詢問我們公司，是否可能另外給報價的三%左右的折扣，並希望我們可以在晚上之前給他們回覆，還請您詢問相關部門。／下午2：00

現在剛結束招標會議，欲整理一下招標現場，待我和客戶端的窗口打聲招呼之後，我再撥電話給您報告詳細情形。謝謝組長花心思幫忙，才讓招標圓滿結束。／下午3：40

如果你收到底下員工這類的訊息，會有什麼想法？會覺得是通報嗎？不，你大概會覺得「非常棒，非常優秀」，甚至會覺得「這個人，做事情非常仔細，不錯」，不僅會另眼看待他的報告，就連人都看起來不一樣了。

但要是整天都無消無息，最後傳了這個訊息的員工呢？

招標完成，時間晚了我先下班。／下午5：45

想像你現在是主管，你會有什麼感受？不是事情都結束了之後才傳訊息，而是每碰到狀況就懂得適當中途報告，才是工作中正確運用文字訊息做報告的方式。如同「Timing is Everything」這句話，希望你可以記得，懂得好好運用文字的人，也得懂得掌握時機。

第5章

這世界本就以貌取人，培養形象DNA

01 記住別人的名字，主動打招呼

我是一個不抽菸的人，我經常大罵（當然是在心裡罵）在路邊叼著菸吞雲吐霧，還邊走邊抽菸的人。但有一件事情讓我下定決心，即便是我痛恨的菸味，我也甘願忍受。那是很久以前，當我還是社會新鮮人的時候。

我任職的單位是一個充滿老菸槍的部門，每到下午比較空閒的時段，一堆人都會紛紛離開位子去抽根菸，看著他們的背影我心想：「你們到底是來上班，還是來抽菸的？」

但是有一天，我要外出一趟時，經過吸菸區，發現有一位前輩看著我並笑著說：「大白鯊來啦！」天哪，我居然不知不覺被前輩們當成「大白鯊」。為什麼要叫我殘忍又凶狠的大白鯊？我去問當時在場的另一個前輩，他建議我：

「你以為只要坐在位子上埋頭工作就是職場生活的一切吧？其實並不然，你也試著和其他人交流一下！你因為沒跟大家互動來往，大家才會開始叫你『大白鯊』，處處躲你。」

不知不覺中，我變成被他們排擠的人。

職場的「形象 sense」，指的是懂得打理自己展現在外的樣貌。你可以確認只會坐在位子上專注工作、認真的自己，是不是被當成了大白鯊。在每個適當的時間點，你都必須要和主管、同事、後輩們一起留下有意義的時光。要假設當你離職了，能讓他們能夠說著「哎呀，來到這邊就想到他」，留下一份回憶。

而對於上班族來說，形象並不只限於在部門內展露、塑造，反而由公司內的各場所決定。不只形象，很多時候，我們也是在各大領域找到自己業務上需要的資訊，這些都是機會，讓我們從他人的能力中學習，彌補自己的不足之處。

能夠讓我們從「唯我」的業務中跳脫、積極參與組織整體的溝通、與組織合而為一團隊合作以及分工協力的，就是「形象」。

有一回，一個公認非常會說話的藝人這麼說明自己的溝通方法：

「**我認為不能光坐在那邊，等著別人來找我，我會先主動對他人露出笑容、打招呼。**如果看到我像傻瓜一樣笑著跟你們打招呼，請不要誤會，不是我精神有問題，也不是各位的臉上黏到飯粒，我只是很想跟各位聊聊才這樣。」

他能成功，是因為他不斷先主動去接近人，職場生活也一樣，努力和別人親近可以讓你成為組織中的勝利組，講勝利組好像有點誇大，但至少可以讓你的上班生活比現在更好一點。假如你抱持「我是只靠工作決勝負的工作型員工」的想法激勵自己，那要請你抬起頭看看四周。看看你是不是被當成邊緣人了？

工作之餘，你有多了解主管、同事的心？你是否會和他們真心相待，聊聊內心話？如果你想了很久，和周遭人除了工作之外沒有聊過其他東西，你最需要的就是懂得主動打招呼。也許工作的協同效應（coordinated effect）並不來自於生硬的會議室，而是在咖啡廳前偶然遇到其他部門同事，隨口一句「最近很忙吧？

哪天一起吃頓飯啊！」可能都是個好開端。

別認為打招呼就是阿諛或奉承！我們自己在走廊遇到其他部門的人時，比起各自冷漠的擦肩而過，如果能夠笑著隨意聊幾句，不也比較開心嗎？

何止職場，我們的日常生活也是同樣道理。有一回我搭電梯，一個小朋友九十度鞠躬向我打招呼：「您好。」可能是我家孩子的朋友吧？我只是回答：「嗯。」就結束對話（而且還帶著一副「你是誰啊？」的表情）。

讓世界更加美好並不難，小朋友向我打招呼，我只要好好回應他，就等同是貢獻一己之力讓世界更美好的人了。下一次我要這麼回他：「你好啊，你是〇〇的朋友對吧？你好棒，還會主動打招呼，謝謝你。」

只要這麼回他一句，說不定還能聽到關於我家寶貝的（正面的！）祕密情報，我錯失了機會，再加上板著臉又用非常冷淡的聲調回應，也許會讓那個小朋友產生「錯誤學習效果」——不喜歡和大人打招呼，造成日後其他大人都對這樣的孩子說：「現在小朋友連基本禮貌都沒有。」

看似微不足道的小事情，決定了我和他人的關係。呼喊他人名字、主動和他人打招呼，聆聽他人的話語，**當他人和自己打招呼時，露出笑容回覆，這些東西聚沙成塔，創造出「我」的形象，也締結出好的關係。**

記住並叫出他人的名字，主動向對方打招呼，希望你能運用這些微小的行動，打造自己的形象。

02 別人談到你，會想到哪些關鍵字？

我去學了品酒。雖然有人可能覺得「喝酒還要花錢學？買來喝不就好了」，但是根據我上課的經驗，酒這個東西比起直接買來喝，卻不懂品嚐，學會品酒其實還滿不錯的。我花了三個月學習，每週一堂，共上了十二堂課，從來沒有缺席過。我想都是歸功於老師的功力。

課程真的很有趣，其中有一個故事令我特別印象深刻。

「各位知道嗎？法國紅酒是『名字決定一切』。目前法國最高等級的紅酒是於一八五六年決定的，一直到現在都是。那瓶紅酒的價格大家都知道非常貴，很多人都有疑問，這瓶酒究竟有好喝到值得那個價格嗎？

「論味道，其他的紅酒品牌更好喝，但是得過一次最高等級的紅酒，到現在仍然可以保有那個光環的價值。法國紅酒只要拿過一次第一等級，就永遠是第一等級。」

「拿過一次第一等級，就永遠是第一等級」這句話，對於出社會很久的我也留下深刻的印象，因為我認為我們的人生就像法國紅酒。不過，當時老師說法國紅酒市場非常客觀，更該說是「冷酷」的世界，還說：「ＬＶ永遠是ＬＶ，冒牌永遠是冒牌。」我是ＬＶ嗎？還是冒牌？這句話讓我不時客觀審視自己。

類似的話，我曾在某個大學入學測驗補教界的明星講師在現場教學的YouTube影片中看過。他是所謂畢業於「知名學府」的講師，在教學過程中，他這麼跟學生說明學歷的重要性：

「我畢業於知名大學，發現有一個優點——不管我在哪裡，都不需要特別說『我很聰明』。因為只要說我畢業於哪所大學，大家就會自動說『哇，你念的學校很優秀』，不僅於此，大家都會把我當成是聰明的人。所以呢……你們也要上優秀的大學！」

這段話讓我思考起學歷的重要性，更讓我想到可以運用在設計形象上，成為學習的動機。

如果是職場人士，就算只有剛開始的幾年也好，至少也得把自己的形象在一開始就設定好。如果你想知道自己的形象，只要觀察看看自己的名字前面，通常被冠上哪些形容詞即可。

舉例來說，附加於我們名字前面的稱呼究竟是正面的，還是負面的形容詞？我們一定要刻意並仔細的想一想：我想做的究竟是什麼、我有興趣的領域為何、我要選擇做什麼等，這些最後會決定你的名字前面擁有什麼樣的形容詞，絕對別忘了。

再回到紅酒的話題，法國紅酒中有一個叫「木桐酒莊」（Château Mouton Rothschild）的品牌。據說這個品牌本來不是第一等級，但是他們設立了自己的研究所，不斷改善品質，不停挑戰成為第一等級紅酒。

這個挑戰從一九二三年到一九七三年為止，足足花了五十年的時間，最終該品牌的紅酒被審核為第一等級。在「五十年升等之戰」中獲勝的木桐酒莊，在那之後一直站穩第一等級的品牌。

換作是我，能夠為了提升品牌價值挑戰五十年嗎？別說五十年，就算是五年，不，五個月，我準備好要參加我的形象之戰了嗎？藉此想一想，現在在自己的名字前面被加了哪些形容詞；未來又想被加上什麼樣的形容詞吧！思考這件事的過程，就是建構形象DNA的過程。

韓國有一個用語叫「signature style」，指的是「自己專屬的穿搭重點或方向」，意指打造出不同於他人、不受流行或環境影響的獨特風格。這不是專屬於時尚領域的字，其實無論去哪間餐廳，我們都很好奇那間餐廳的「signature style」餐點是什麼。

最近在韓國，非常流行高爾夫，但每間高爾夫球場也都會有一個自己獨樹一幟的場地。原本 signature style 指的是用自己筆跡寫自己名字的意思——簽名。

每個人的 signature 代表了那個人特有的本質，說到這個人，就會想到專屬他的代表性特徵。這是你設立職場形象的開始，也是結束。

我們這些上班族今天也和無數人建立起關係，我們的名字前面，有著什麼樣的形容詞？「共享同事艱難的」、「報告寫得比任何人都要好的」、「讓人很想到處推薦的」等關鍵字，希望將來會貼在你、我的名字前面，貼得不能再滿。

我本來不好意思啟齒的，其實以前我的名字前面，被冠上「很會做事，但常常想自己搞定一切的」的敘述。我想這是我疏於打理形象的關係，在我開始意識到這件事以後，我想這個形容詞不會再跟著我了吧？

03 身上不能有菸味和口臭

大部分的人不會看「內在的你」，而是看「外在的你」。希望總有一天，願意看對方內在的人會變得多一些，但現在我們生活的環境，尤其是職場，更是讓我們不得不思考自己在對方眼裡看起來怎麼樣。

而形象DNA就是為了讓其他人能夠用更好的角度看待我，因而創造專屬自我風格的過程。

我的聲音、我的臉蛋、我的舉止等，都是重要的元素，但這裡要談的是我們身體散發出的「我的味道」或「我的香氣」。以下是一名韓國 YouTube 網紅（奧瑪勒的人生）分享的故事：

幾年前我搭乘地鐵，一位女性走到我隔壁坐下，我從隔壁這位女性身上聞到前女友的香水味。頓時，我發現我對嗅覺是多麼敏感。

我是在三年前和前女友交往，對我來說並不是一段很有意義的關係。我們不過是在一、兩個月內見了三、四次面，過了三年，我甚至不記得她的長相或職業，算是輕輕掠過我人生的過客。我很訝異，為什麼只有她的香味我會記得如此清楚？然後我下了結論：嗅覺的記憶力比我們所想的還要好。

他繼續說明：

我們希望給周圍的人好印象、有特色，有個人風格，所以我們鍛鍊身材、累積知識，培養才藝。如果我可以給你個建議，其中**有一個最簡單也最方便又確實的方法，就是噴香水**。

聽到這，現在不是閱讀本書的時候，你要不要趕快闔上書，到最近的美妝店去買瓶香水？

當然，香味也必須建立在人際關係基本上是「正常」的前提下。當人際關係弄得亂七八糟，最後留下的就不是香味，而是惡臭了。對了，那個影片底下有人留言：「啊，這個我認同。（像一坨X的）前男友常用一款櫻桃香的洗髮精，後來我聞到櫻桃香，都會覺得心情就像X。」

當然，「品行」必須優先於形象，如果前提是大家的品行都一樣，那保持香味才是真正不能錯過的妙招。

最近交友的方式變得很多元，但據說要真的變成男女朋友卻很難。女生說「沒有頻率一樣的男生」，男生則反駁「沒感覺」。一下子決定所有事情，就連努力多深入認識對方一點都不肯，實在很可惜。

我希望各位可以想想，自己給對方什麼樣的印象，又有多努力去了解對方。其實人呢，有多特別？又有多糟糕？不如大方承認外在形象會影響對一個人的評價，現實就是這麼殘酷。

如果不努力去了解對方喜好，關係就很難有進展。甚至有人說「不要找理想對象，而是要成為理想對象」，**我認為至少要確認日常生活中，還有對職場同事、主管、後輩而言，自己呈現的樣貌為何，這就是身為上班族必備的素養。**

尤其味道或香味可能是對方說不出口，但會影響他思考該和你保持什麼樣的關係、距離的因素，我希望各位可以記得這點。

有一回我去超市，逛到生活用品區，那裡擺著看起來很好穿的衣服和各種生活用品。吸引我注意的是一臺「加溼器」，它發出微微的光亮讓人感到平靜，並噴出像霧一般的香氛水蒸氣，非常有氣氛，再加上那淡淡的香味讓我的內心感到寧靜，於是我二話不說就把它買下來。

我回到家接上電源，嗯，味道真好！還有微微的光，加上微細的水蒸氣，我真的是太喜歡它了。

家人用一臉神奇的表情看著我，於是我有一點自豪的說：「這味道很香，微暗的燈光也很不錯，所以我就買回來了。最重要的是，冬天乾燥時還可以當作加溼器使用。」我好像變成很有品味的丈夫和爸爸。

我每天更換裡頭的水，花大錢買天然精油，滴個幾滴進去，十分滿意。結果有一天，我偶然讀了那個產品的說明書，咦？這什麼？說明書其中一頁寫到，「加溼效果未經證實」。

原來這個產品的使用重點不在於加溼，而是香氛。我連這都不知道，還當作是加溼器，每天很認真的換水，感覺像被騙了！但是，直到現在我還在用這個產品。為什麼我要一直用「調節溼度效果未經證實的加溼器」？因為我想告訴大家「就算是沒有用的產品，只要有一個不錯的香味就有用處」。從「沒用」變成「有用」，只要一個香味就夠了。

難道只有「偽裝成加溼器的」芬香噴霧機這樣嗎？人也是一樣的。如果你靠近別人，別人會自動退後，問題可能不在於你的個性或外表，你需要聞聞看你身上是否散發臭味。反向思考，只要運用香味，哪天你可能搖身一變成了對對方有用的人。

要形塑自己的形象，必須有專屬你的香味。我希望人們說到你，會最先想起淡淡的橘子香，而不是濃濃菸味、不好聞、臭兮兮的口臭味。

據說，嗅覺是五感之中最強烈，也在腦中停留最久的感覺。我想如果你可以成為不僅注重外表等視覺印象，同時也懂得打理自己嗅覺印象的形象 sense 達人，職場生活一定可以變得比現在更輕鬆。

04 什麼事讓你被重用？你出錯後的改善態度

韓國企業文化中，有一項是外國人覺得很神奇的。在二〇一六年大韓商工會議所和一間國外顧問公司，共同調查發表的企業文化診斷報告中，有一名在韓國企業任職的外籍高階主管發表的意見，內容大致如下：

韓國公司的高階主管辦公室搞得像殯儀館。大家在主管面前站得直挺挺的，對於不明確、不合理的業務指示連「為什麼」、「不」都說不出口，只是一味的點頭，那場面簡直是不可思議。

總有一天你會成為組長，成為高階主管，成為CEO。這些職位我們通稱為領袖，領袖最重要的工作是什麼？不就是帶領底下員工能更集中在自己負責的工作上嗎？為什麼強調集中，是有時代背景的。

在工業社會時代，只要「認真」就可以；在資訊社會下則只要「好好的」做就夠了；如今是創造的社會，我們必須要「集中」精力工作。集中精力，方能讓創造力萌芽。那組織成員要怎麼樣才能集中精力，來自於領袖能不能和底下員工產生共鳴。

我到各企業演講時，尤其在以領袖為對象的課程中，經常問諸位：「各位是否經常和底下職員產生共鳴？」

當然，要有共鳴很難，並不是人人都能做到。根據某一項研究，在職場上替後輩或同事解決問題的人，通常在家裡會出現共鳴能量枯竭的現象。因為在公司把共鳴能量消耗殆盡，結果在家中反倒變得不那麼敏銳了。

產生共鳴就是這麼困難的事，因為不是人人都能做到，所以才要拜託領袖們去做。真的拜託你們要懂得和員工產生共鳴。

曾任美國總統的歐巴馬在演講時，經常以「我們」取代「我」，據說這是為了要和人民產生共鳴。可能你還是會說，實在不懂共鳴是什麼，我推薦一個妙招給你。

當你覺得很鬱悶，很生氣時，先暫停思考和發言，想想下面這一句，甚至是能夠說出這一句話：「嗯，也是有可能的。」

這很難。大部分的我們比起說「嗯，也是有可能」，更習慣說「我就知道會這樣」。但是習慣不代表你可以繼續這樣做，今天已經和昨天不同，為了更好的明天，我們不妨一點一點改變。「嗯，也是有可能」的想法，就是讓我們的對外形象越來越好的起始點。

但是這種話只有當上領袖才能說嗎？不，這也是我們現在就要具備的態度。所謂「被罵的時刻」更是這樣。**做錯事被指責是很自然的，這時候我們讓對方有什麼感覺，會決定我們的形象。**希望**你可以想成「嗯，這件事的確有可能重要到如此讓人生氣」，並且說出下面這一句話：「對不起，我沒有想到那邊。」**

最近在韓國，「如何才能不受無禮之人欺負」的書，流行了好一陣子。這是好現象，這個世界本該要懂得勇於說不，但是如何套用在自己的處境，似乎有很多誤用的情況。

舉例來說，當你不想聽從主管的指示時，有時會把不願意的想法「寫在臉上」，但是公司並不是讓你宣洩情感的地方，是處理工作的地方。錯誤就是要改正，如果錯誤來自於自己的失誤，那承認錯誤並約定不會再犯才是正確的。聽了不好聽的話，就把不開心的情緒表現在臉上，只是讓人覺得你不專業。

我曾讀過一本書，作者斷定企業的行銷手法是「道歉的技巧」，我部分同意這個看法。在如今這樣充滿不信任的時代，比起稱讚做得好的地方，我們更習慣揪出做不好的地方，無論再小心，也只會有需要道歉的事情發生。

這時，如果用邏輯解釋和客戶起爭執，那麼這個員工所屬的公司能夠繼續生存下去？果斷做出平淡又真誠的道歉，必要時甚至懂得說出補償辦法，對於解決問題更有幫助。這對於一般上班族而言也有很多可以運用的部分。

我想起很久以前，當我因為工作出錯被組長訓了一頓時，一位前輩看我意氣消沉，給了我建議：

「看你消沉這麼久，看來你對這件事很有意見吧？我不知道你跟組長怎麼說開的，不過我可以給你一個祕訣，你記好。你知道被主管罵時，什麼話最可以消緩那個氛圍嗎？就是『真的很抱歉，我沒有想到那邊』。只要說出這句話，上面的人就會想：『哎呀，我是不是給一個老實人太多壓力了？』然後消了一大半的氣。下次如果還發生類似今天這種事情的話，試試看吧！」

工作難免會出錯，其實若不是現在，什麼時候還可以犯錯？做錯了就接受指責，慢慢改善就好。重要的是如何透過那個經驗成長。站在自我成長的層面來看，承認自己的錯誤才能往下一個里程邁進。

此外，你的**前輩和主管有義務要指出你的錯誤並讓你改善**。當然，**如果指責得過頭了**、太誇張了，那**是他的人品問題**。**被指責的我們，只要決定要用什麼樣的心態和態度看待自己的失誤**。比起急著辯解，我們試著採取承認並思考下一步的態度吧！

有了這樣的成長心態，即便是指責你犯錯的對方，也會對你留下「這個人不是不懂得變通，而是將來會成為更好的人」，一個正面又謙虛的印象。

請記得，你會給人留下什麼印象，取決於你出錯的那個時刻。

05 最傳統的穿搭就是最安全的穿搭

我們現在的穿著如何？會不會讓人看起來不舒服？穿著太過裸露或華麗的服飾在私人場合是個人自由，但在工作領域則需要再三思考，我不知道你認不認同這件事。穿短褲可以，但應該至少把腿毛刮乾淨，即使有這樣的「潛規則」，你還要抱怨：「大家說可以穿得涼快一點，所以我就這樣穿了，扯什麼腿毛啊！」那你的形象 sense 就近乎於零了。

有一對各任職於不同中型企業的雙薪夫妻，妻子轉述先生的話，表示先生任職的公司氛圍「保守到不行」，公司文化非常死板。不只上班必須穿西裝，連夏天也必須穿長袖襯衫。雖然人事部門表示為「建議」事項，但是員工都自行解讀為「強制」，並比照辦理。

但是最近她的先生開始受不了了。就算前輩或主管可以針對男性員工的穿著說得再過分，但對於女性員工的穿著，就算讓人看得不舒服，也怕會牽扯到性別問題，沒人敢說什麼。

某天，在先生公司的自由服裝日——不需要穿西裝上班的那一天，有一名同部門的女同事穿了很暴露的衣服上班。其他同事都不知道該把目光放哪，覺得很不自在，卻沒人出聲。雖然自由服裝就表示可以自由穿自己想穿的衣服，但是似乎沒必要成為眾人不自在的目光和討論焦點吧？

身為上班族，**辦公室穿搭要考量時間、場所、狀況**，這不就是一種 sense 嗎？也有人說，外表一點都不重要。但是看看把「外貌至上主義」掛在嘴邊的人，外表似乎不是可以完全忽視的部分。

有人為了成功打理外貌嗎？有。讓自己的外表給人有魅力的感覺，雖然不是很精緻或很搶眼的五官，但**保持乾淨的外表，對外就代表了一間公司的形象，這的確是上班族該注意的部分**。

雖然我這樣說，但自己對於外表也有不滿意的地方，就是「啤酒肚」。先不論健康問題，看起來就是不好看，尤其坐下來的時候看起來更糟，胸部沒什麼肌肉，肚子卻非常鼓。我雖然不想讓別人看到我肥胖的腹部，不過太明顯，任何人都看得出來，幾乎是公開的祕密。

買衣服時也很困擾，就算是名貴的、好看的衣服，對我而言重要的標準卻是肚子看起來明顯或不明顯。

看到夏天也穿西裝外套的我，人們問：「你不熱嗎？穿一件短袖都覺得很熱了耶！」這時，我會回：「身為上班族就是要穿西裝外套！」回了這麼不像樣的話，我心裡卻想著：「因為穿外套可以遮我的啤酒肚，才要在這麼熱的天堅持穿，這也不懂？」就算我再怎麼聰明、有智慧，就算我說話好聽，但世界上應該沒有人會覺得大肚子的人看起來很帥吧？

所以不知道從何時開始，我下定決心「有機會我一定要和這啤酒肚正面決戰！」然後有一個人吸引我的注意，就是足球選手羅納度（Ronaldo，一般稱呼他為C羅）。他的身高為一百八十七公分，體重是八十三．五公斤，跨足多個世界頂級足球俱樂部——英超的曼聯、西班牙的皇家馬德里、義大利尤文圖斯，然後又再次回到曼聯擔任主將，年薪高達新臺幣九億元。

羨慕他的高薪嗎？不，我不羨慕。就算一天給我新臺幣兩百萬元也沒有用，因為我討厭運動。我只羨慕一件事，就是他的「完美腹肌」。我好像可以知道為什麼他每進一球就要脫衣服，同為男人的我，都覺得他的身材實在太夢幻，尤其是那不知道是「六塊肌」還是「八塊肌」的腹肌，實在太不真實。

他的腹肌到底是怎麼練出來的？我很想練就跟他一樣的肌肉，所以上網搜尋一下，然而……。

C羅的身體年齡據說一直維持在二十多歲，也就是說他的身體比實際年齡還年輕。根據皇家馬德里的說法，他的體脂肪不到七％，幾乎是專業健美人士平均體脂肪量（三％～五％）的水準。肌肉含量則超過五〇％。

他每天做伏地挺身一千次，仰臥起坐三千次，才將自己的身體打造成「雕像」。我放棄了，伏地挺身我連做十下都有困難，仰臥起坐連三十下都很難了，更別說一千次和三千次，怎麼可能？何止運動，C羅的飲食管理更嚴格。

C羅以前在曼聯的隊友埃弗拉說：「有次練球完後，他找我一起吃午餐，結果餐桌上只有沙拉、雞胸肉和白開水。」（出處：「別去C羅家作客，因為只有沙拉、雞胸肉和白開水」，《朝鮮日報》二〇一八年六月二十二日。）

通常招待別人吃飯，會準備得像喬遷宴那樣豐富，但喬遷宴的菜單卻是沙拉、雞胸肉和白開水，乍聽之下覺得有點糟，但轉頭一想，這個我好像可以跟著做。雖然有了年紀，但仍然想讓自己看起來帥氣，所以我也套用在自己的餐飲上。結果呢？撐不到一天就結束了。

總而言之，在這遠距接觸的時代，當下看到的樣貌就是全部。如果你不懂如何在遠距時代管理自己的形象，那傳統做法就是標準答案。如果你碰到一些小部分不太確定該怎麼辦，自己要記住這點：

「無論是人際關係或穿著等，只要你認為在職場上碰到的情況很尷尬，傳統做法就是標準答案。」

06 人人都想做自己，但沒人喜歡只想做自己的人

因為我家附近有轉運站，所以周圍有各式各樣的餐廳。長期以來受社區居民喜愛的麵疙瘩專賣店、紫菜包飯專賣店是基本，就連最近流行的連鎖餐廳也都能看得到。

但是我每每經過都會注意到某一家餐廳，雖然我在這裡住了十幾年，但從沒進去過一次。為什麼不去？因為它的店面「外觀」，讓人覺得看起來不好吃。不是有那種，從外面看起來暗暗的，菜單也很凌亂，員工也不是很專業的那種店。總歸一句就是「看起來不好吃的」餐廳。

很神奇的是，我看了十幾年，它到現在都還開著。尤其最近疫情關係，據說十家店有九間會倒閉，我很好奇它的祕訣是什麼，所以上門光顧了。

進到裡面後，感覺就跟從外面看起來很類似，明顯是間老店，整體環境就是很雜亂，總之和我喜歡的風格有很大差距。不過既然都來了，就點點看吧！我點了清麴醬湯。

在等餐點時，因為店家什麼也沒給我，一問之下才知道，白開水跟白飯、小菜都是自取。我心想：「看我以後還來不來光顧。」然後在心裡替這間餐廳打了及格邊緣的分數後，這才拿著飯碗盛白飯，裝小菜回到位子。

沒過多久，餐廳阿姨「只」送上一鍋清麴醬湯後，很酷的轉身就走。但是，意外的很好吃！雖然很麻煩，但是在自己裝的飯上，放上涼拌蘿蔔絲、生菜、泡菜等再加上辣椒醬，然後泡一點清麴醬湯，這樣拌著吃不僅吃起來感覺很健康，真的是「好吃的味道」。

我品嚐著嘴裡的清麴醬湯和米飯的美味組合，回神看看四周，這才覺得餐廳這套方式實在太棒了，終於知道為什麼已經過了中午時間，還是那麼多客人光顧。在那之後我又去了幾次，不管點什麼餐點都料多又美味。

但是我覺得很可惜，有什麼地方比餐廳還需要重視形象的嗎？只要稍微整理一下外觀，把裡頭的燈光調得更溫暖一點，光靠這麼有競爭力的手藝，一定能吸引好幾倍的客人。但是餐廳疏忽這一點，被像我一樣的客人拒絕上門。

在廚房掌廚的人動作又快，材料給得大方，而餐點味道、品質也非常好，又讓大家能夠自由盛裝自己想要的飯量，實際了解之後，才發現這裡是不得不上門的真材實料好店。這樣的餐廳絕對不能消失啊！

不過並不是好吃生意就會興隆，其實去生意好的餐廳吃飯，會發覺並不是多好吃。但什麼樣的差別讓那些餐廳不斷有人上門光顧呢？「形象」就是關鍵。當然，很多時候我們會被網路推薦給騙了。

餐點的味道當然是基本，但是除了味道之外，清潔、氣氛、裝潢等形象也很重要。何止餐廳，在職場上作為組織一員工作的人也是同樣道理。**懂得打理自己形象的能力，是工作能力以外必備的**。

上班久了，有時候會覺得「那個人好像也沒什麼了不起，但是怎麼過的這麼順？」尤其當你和他關係親近，非常了解他的能力和績效時，每每看到他獲得比本人能力和成果更好的評價，搶在你前頭時，一定會更反感。

但是在反感之前，我們不妨先反思一下：「形象造就人」（The image makes a person）這句話。

我回顧職涯，覺得最可惜的不是某一、兩年未能達成目標績效、沒能升等的時候，而是沒能給周遭人一個不錯的形象。

形象包含了態度和人品並且會展現在外。要是我懂得真心為我的錯誤再道歉一次；要是我沒有吝於稱讚別人的喜悅，真心替他開心；要是我可以溫柔的鼓勵不小心犯錯的人，在大家眼裡，我會不會是一個更好的人？

有人說「沒人會喜歡完全做自己的人」。身為上班族，我想這是一句說明「為什麼我們要努力打理好形象」的好範例。

難道你想聽人家說你是「自由的靈魂」嗎？這也是一種問題，因為這句話等同你是「無法適應組織，隨心所欲，無法控制的人」。試著努力吧！重新打造你的形象。

我們每天說的話、所寫的文字，還有表現出來的態度，最終都會造就出一個人的形象，然而可惜的是，最近很少人會去仔細探究這些事。因為職場不再重視前、後輩的關係（按：現今許多企業，尤其是外商公司，稱呼同事或主管時，通常直呼名字，不加職稱；也不強調前、後輩的身分），我們都忙著各自在危險的世界中找尋活路。

但是公司仍對你有期望，期望你能有基本的，不，最好是能夠成為組織成員模範的工作DNA。因此**我建議你，與其自己到處碰壁，過了一段時間之後才體會這些素養的重要，不如一開始就先培養這些能力，那麼艱難又辛苦的職場生活，一定會不知不覺轉變成很不錯的時光。**

國家圖書館出版品預行編目（CIP）資料

工作的DNA：比工作能力更易受肯定的做事模式。天資與學歷不是重點，工作的sense才是關鍵 / 金範俊著；郭佳樺譯. -- 初版. -- 臺北市：大是文化有限公司, 2022.11
256面；14.8×21公分. --（Biz ; 406）
譯自：능력보다 더 인정받는 일잘러의 DNA, 일센스
ISBN 978-626-7192-31-3（平裝）

1. CST：職場成功法　2. CST：人際關係

494.35　111014432

Biz 406

工作的DNA

比工作能力更易受肯定的做事模式。天資與學歷不是重點，工作的sense才是關鍵

作　　者／金範俊
譯　　者／郭佳樺
責任編輯／江育瑄
校對編輯／林盈廷
美術編輯／林彥君
副 主 編／馬祥芬
副總編輯／顏惠君
總 編 輯／吳依瑋
發 行 人／徐仲秋
會計助理／李秀娟
會　　計／許鳳雪
版權主任／劉宗德
版權經理／郝麗珍
行銷企劃／徐千晴
行銷業務／李秀蕙
業務專員／馬絮盈、留婉茹
業務經理／林裕安
總 經 理／陳絜吾

出 版 者／大是文化有限公司
臺北市 100 衡陽路 7 號 8 樓
編輯部電話：（02）23757911
購書相關資訊請洽：（02）23757911 分機122
24小時讀者服務傳真：（02）23756999
讀者服務E-mail：dscsms28@gmail.com
郵政劃撥帳號：19983366　戶名：大是文化有限公司
法律顧問／永然聯合法律事務所
香港發行／豐達出版發行有限公司 Rich Publishing & Distribution Ltd
地址：香港柴灣永泰道 70 號柴灣工業城第 2 期 1805 室
Unit 1805, Ph. 2, Chai Wan Ind City, 70 Wing Tai Rd, Chai Wan, Hong Kong
電話：21726513　傳真：21724355
E-mail：cary@subseasy.com.hk

封面設計／林彥君　內頁排版／思思
印　　刷／鴻霖印刷傳媒股份有限公司

出版日期／2022年11月 初版
定價／新臺幣360元（缺頁或裝訂錯誤的書，請寄回更換）
I S B N／978-626-7192-31-3
電子書ISBN／9786267192467（PDF）
9786267192474（EPUB）